中国-上海合作组织国际司法交流合作培训基地学术文库

上海合作组织能源安全研究
——基于能源消费、能源生产视角

李　鹏◎著

中国政法大学出版社

2023·北京

图书在版编目（ＣＩＰ）数据

上海合作组织能源安全研究：基于能源消费、能源生产视角/李鹏著. —北京：中国政法大学出版社，2023.10
ISBN 978-7-5764-1169-0

Ⅰ.①上… Ⅱ.①李… Ⅲ.①上海合作组织－能源－国家安全－研究 Ⅳ.①TK01

中国国家版本馆 CIP 数据核字(2023)第 208451 号

出 版 者	中国政法大学出版社
地 址	北京市海淀区西土城路 25 号
邮寄地址	北京 100088 信箱 8034 分箱　邮编 100088
网 址	http://www.cuplpress.com（网络实名：中国政法大学出版社）
电 话	010-58908285(总编室) 58908433 （编辑部） 58908334(邮购部)
承 印	北京旺都印务有限公司
开 本	720mm×960 mm　1/16
印 张	13
字 数	195 千字
版 次	2023 年 10 月第 1 版
印 次	2023 年 10 月第 1 次印刷
定 价	59.00 元

目 录 CONTENTS

能源消费峰值论在上海合作组织的检验

第一节 引言

能源是人类社会赖以生存和发展的重要物质基础，是一国的战略性资源，世界上任何一个国家的发展都离不开能源。能源的不可再生性特征决定了能源是一种稀缺性资源，不断扩大能源供给以满足本国的能源消费需求是世界各国的诉求。

上海合作组织作为世界上领土面积最大、人口最多的国际性区域组织，也是世界上有重要影响的能源供给区域，能源消费问题一直是上海合作组织历次峰会的重要议题。上海合作组织中的 8 个成员国是本书的研究样本（未包括 2023 年 7 月加入的伊朗）。俄罗斯、哈萨克斯坦和乌兹别克斯坦是能源净出口国；中国、印度、巴基斯坦、塔吉克斯坦、吉尔吉斯斯坦为能源净进口国。对能源净出口国而言，依靠本国的能源供给就能满足自身的能源消费需求；对能源净进口国而言，依靠本国的能源供给还不能满足自身的能源消费需求，还需加强能源的国际合作。上海合作组织成员国中，中国是最大的能源净进口国，俄罗斯是最大的能源净出口国，加强中俄能源合作以满足我国经济增长对能源的消费需求，是我国的一项战略性决策，也是推动上海合作组织经济发展的必然选择。

影响能源消费的因素很多，其中经济增长是核心影响因素。本章主要研究上海合作组织能源消费与经济增长之间的数量关系。上海合作组织各成员国在地理上相互靠近，这为本章从空间经济学角度进行实证分析奠定了现实基础。能源峰值论是解释能源消费与经济增长之间数量关系的重要理论，然而能源峰值论并没有得到学术界的普遍认可，只得到一部分学者的支持。不支持能源峰值论的学者认为：能源消费量能够反映一国的经济运用情况，是 GDP 的近似替代物。随着一国 GDP 的增加，该国能源消费量会一直不断增加，并不会出现下降，两者之间呈正相关的线性关系。本章的研究将检验能源峰值论在上海合作组织中是否成立。

　　图 1 内的信息包含了上海合作组织 2007 年至 2015 年 GDP 的数据，GDP 单位为亿美元，其中横坐标为年份，纵坐标为 GDP 数据。将 2007 年 8 个成员国的 GDP 加总就得到 2007 年上海合作组织的 GDP 数据，其他年份的上海合作组织 GDP 数据采用同样方法处理。图 1 显示出，2007 年至 2015 年间，上海合作组织 GDP 总体上在不断增加。图 2 内的信息包含了上海合作组织 2007 年至 2015 年能源消费量的散点数据，能源消费量单位为：百万吨油当量，其中横坐标为年份，纵坐标为能源消费量数据。将 2007 年 8 个成员国的能源消费量加总就得到 2007 年上海合作组织的能源消费量数据，其他年份的上海合作组织能源消费量数据采用同样方法处理。图 2 显示出，2007 年至 2015 年间，上海合作组织能源消费量总体上也在不断增加。那么随着上海合作组织 GDP 的增加，能源消费量会一直增加吗？

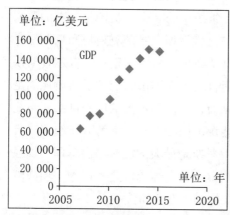

图 1　上海合作组织 GDP 散点图

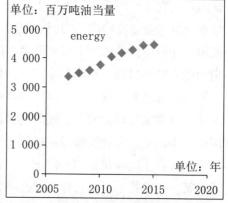

图 2　上海合作组织能源消费散点图

第二节　文献回顾

能源消费与经济增长之间的数量关系问题是能源经济学研究领域的核心问题，也是能源经济学领域的热点研究话题。国内外学者对能源消费与经济增长之间的数量关系进行了大量的实证研究工作。

我国学者主要以中国为研究对象来分析能源消费量与经济增长之间的数量关系。何则、杨宇、宋周莺、刘毅（2018）采用弹性脱钩指数和广义LMDI 方法研究了 20 世纪 50 年代以来我国能源消费与经济增长之间的动态数量关系。研究表明：中国能源消费总量与 GDP 总量都呈现出指数型增长曲线关系，而且两者的增长态势保持高度一致。常春华（2018）采用时变参数状态空间模型进行研究，发现中国人均能源消费量与人均 GDP 之间存在稳定的均衡关系。宋锋华、泰来提·木明（2016）运用面板协整技术和面板误差模型对中国能源消费量与经济增长之间的关系进行实证研究，研究发现中国能源消费量与 GDP 之间存在长期均衡关系和短期的波动关系。纪成君、鲁婷、陈振环、韩家彬（2016）基于我国 1978 年~2013 年的时间序列数据对能源消费与经济增长之间的动态关系进行实证研究。研究表明能源消费总量与 GDP 总量之间为"N"形曲线关系。

国外学者主要以中国之外的区域为研究对象来分析能源消费量与经济增长之间的数量关系。Nicholas Apergis 和 James E. Payne（2009）以 1991年至 2005 年独立国家联合体的 11 个成员国的能源消费量与实际 GDP 面板数据进行实证分析，协整检验结果显示：独立国家联合体国家的能源消费量与实际 GDP 之间存在显著的协整关系；实际 GDP 越大，能源消费量越大。Chien-Chiang Lee 和 Chun-Ping Chang（2008）采用亚洲 16 个国家 1971年至 2002 年的能源消费量与实际 GDP 的相关数据进行研究，发现在长时间里亚洲 16 个国家的能源消费量与实际 GDP 之间存在显著的正向协整关系。Vipin Arora 和 Shuping Shi（2016）基于美国 1973 年至 2014 年的数据并运用多变量时变模型研究发现：在 20 世纪 90 年代间美国能源消费总量与 GDP 之间存在双向因果关系，但在 20 世纪末只存在 GDP 总量与能源消费总量的单向因果关系。Chor Foon Tang，Bee Wah Tan 和 Ilhan Ozturk（2016）基于越南 1971 年~2011 年的时间序列数据并运用协整检验和因果检验发现：越南能源消费总量与 GDP 之间存在协整关系，越南能源消费量与 GDP 存在单向因果关系，越南经济总量对能源消费量的依赖性很强。

本章主要从三个方面对上述文献进行述评：（1）上述相关文献的研究结论并没有达成一致。一部分学者的研究支持能源消费总量与 GDP 之间存在协整关系的结论，也就是随着 GDP 的增加，该国的能源消费量会一直增加。另一部分学者的研究支持能源消费总量与 GDP 之间存在非线性关系，也就是随着 GDP 的增加，该国的能源消费量并不会一直增加。本章作者认为，研究方法的不同是导致研究结论不同的重要原因。已有文献中，运用协整检验方法得出能源消费总量与 GDP 之间存在线性关系的结论，而运用其他方法往往得出能源消费总量与 GDP 之间存在非线性关系的结论。（2）上述文献主要采用协整检验和格兰杰因果检验进行实证分析。本章的研究方法不同于上述文献，本章采用空间经济学模型进行实证分析。运用空间经济学模型进行实证分析，能够充分体现出研究样本之间的地理位置特征带来的影响。（3）上述文献主要以中国、越南、美国等国家为研究对象，很少以上海合作组织为对象进行相关实证研究。本章以上海合作组织为研究对象，论证能源消费量与经济增长之间的数量关系，本章的研究丰富了已有文献。

上海合作组织所包括区域是世界上具有重要影响的能源生产区域和消费区域，研究上海合作组织区域的能源消费与经济增长之间的数量关系具有重要现实意义。本章学术贡献主要体现在以下两方面：（1）本章运用空间经济学模型进行研究，发现上海合作组织成员国的能源消费体现出以邻为壑的特征，也就是上海合作组织成员国中某一国的能源消费会抑制邻国的能源消费。（2）本章的研究结论证实能源峰值论的存在性，能源峰值论在上海合作组织得到证实。本章实证研究结论显示出上海合作组织能源消费量与 GDP 之间存在显著的倒 U 形曲线关系，随着上海合作组织 GDP 的增加，能源消费量会出现先增加后减少的数量特征（能源消费量达到最大值后就开始减少），这说明上海合作组织能源消费量并不会无限增加。

本章结构安排如下：第一节为引言，第二节为文献回顾，第三节为上海合作组织能源消费与经济增长关系的实证研究，第四节为本章小结。

第三节 上海合作组织能源消费与经济增长关系的实证研究

（一）样本选择

本章选取上海合作组织的 8 个正式成员国为样本进行实证分析。分别为：中国、俄罗斯、哈萨克斯坦、吉尔吉斯斯坦、塔吉克斯坦、乌兹别克斯坦、印度和巴基斯坦。

（二）变量定义

表 1 为本章的相关变量定义。表 1 中，energy 为被解释变量，GDP 为核心解释变量。population、patent、second、gini 为本章的控制变量。

表 1 变量描述

变量名称	变量含义
energy	表示上海合作组织成员国的能源消费量，该变量反映上海合作组织成员国的能源消费总量状况，单位：百万吨油当量。
GDP	表示上海合作组织成员国的国内生产总值，该变量反映上海合作组织成员国的经济总量，单位：亿美元。
population	表示上海合作组织成员国的人口总量，反映上海合作组织成员国的人口规模，单位：人。
patent	表示上海合作组织成员国的专利申请数量，该变量反映上海合作组织成员国的科技水平，单位：件。
second	表示上海合作组织成员国第二产业所占 GDP 的比重，该变量反映上海合作组织成员国的产业结构状况，单位：%。
gini	表示上海合作组织成员国的基尼系数，该变量反映上海合作组织成员国的贫富差距。

（三）数据描述

1. 数据来源

本章使用 2007 年至 2015 年上海合作组织成员国的相关数据进行实证研究。表 2 中相关变量所涉及的数据来源于历年《国际统计年鉴》。

2. 描述性统计分析

表 2 为相关变量数据的描述性统计分析。

表 2　相关变量数据的描述性统计分析

变量	观察值	平均值	标准差	最小值	最大值
energy	72	505. 331 9	851. 414	2. 1	3 009. 8
GDP	72	14 018. 75	25 509. 32	31. 194 97	110 139. 5
population	72	3. 71E+08	5. 42E+08	5 268 400	13.7E+08
patent	72	218 297. 2	606 837	4	2 798 500
second	72	32. 234 72	7. 555 339	19. 3	47
gini	72	28. 331 82	11. 526 55	0. 462	43. 24

（四）回归分析

考虑上海合作组织成员国空间位置关系的回归分析

（1）基于空间经济学模型的计量模型设定

根据上海合作组织成员国空间地理位置的相邻特征，本章运用空间自回归模型（SAR）进行计量模型分析。

$$energy_{it} = \alpha + \rho W\,energy_{it} + \beta\,GDP_{it} + \tau\,GDP_{it} * GDP_{it} + \gamma\,populatioin_{it} + \chi\,patent_{it} + \eta\,second_{it} + \varphi\,gini_{it} + \varepsilon_{it}$$

上式中，ρ 为空间自回归系数，取值一般在 -1 到 1 之间，表明上海合作组织成员国相邻国家之间能源消费的相互影响程度。W 为 8×8 的空间权数矩阵。β 为 GDP_{it} 的回归系数，τ 为 $GDP_{it} * GDP_{it}$ 的回归系数，γ 为 $populatioin_{it}$ 的回归系数，χ 为 $patent_{it}$ 的回归系数，η 为 $second_{it}$ 的回归系数，φ 为 $gini_{it}$ 的回归系数，α 为常数项，ε_{it} 为扰动项。

如果 β 的值为正数且通过显著性水平检验，则表明在 2007 年至 2015

年间上海合作组织成员国的 GDP 与能源消费量之间存在显著的正相关性；如果 β 的值为负数且通过显著性水平检验，则表明在 2007 年至 2015 年间上海合作组织成员国的 GDP 与能源消费量之间存在显著的负相关性。τ 的值可以识别 2007 年至 2015 年间上海合作组织成员国的 GDP 与能源消费量之间是否存在倒 U 形曲线关系。如果 τ 的值为负且通过显著性水平检验，则说明在 2007 年至 2015 年间上海合作组织成员国的 GDP 与能源消费量之间存在显著的倒 U 形曲线关系；如果 τ 的值为正且通过显著性水平检验，则说明在 2007 年至 2015 年间上海合作组织成员国的 GDP 与能源消费量之间存在显著的 U 形曲线关系。

（2）回归结果报告

表 3 中，ρ 的值为 -0.048 344 2，且通过 10% 的显著性水平检验。这说明上海合作组织成员国中某一成员国（假定为 A 国）的能源消费量会显著受到相邻国家（假定为 B 国）能源消费量的负面影响。也就是从能源消费数量看，B 国的能源消费量增长会对 A 国的能源消费量产生抑制作用，这进一步说明上海合作组织成员国能源消费体现出以邻为壑的数量特征。

表 3 中，GDP 的系数为 0.048 186 4 且通过 1% 的显著性水平检验，GDP * GDP 的系数为 -3.55E-07 且通过 1% 的显著性水平，这说明 2007 年至 2015 年间上海合作组织成员国的能源消费量与 GDP 之间存在倒 U 形曲线关系，即随着上海合作组织成员国 GDP 增加，上海合作组织成员国的能源消费量会出现先增加后减少的数量特征。

根据 GDP 的系数为 0.048 186 4 和 GDP * GDP 的系数为 -3.55E-07，可以确定倒 U 形曲线顶点位置（上海合作组织成员国的最大能源消费量位置）。上海合作组织成员国的最大能源消费量位置所对应的 GDP 值为 0.048 186 4/（2×3.55E-07）= 67 868.17。表 2 数据显示，由于上海合作组织在 2007 年至 2015 年 GDP 的平均值为 14 018.75 亿美元，要远小于倒 U 形曲线顶点位置所对应的 GDP 值 67 868.17 亿美元，这表明上海合作组织还没有到达倒 U 形曲线顶点位置（还处于倒 U 形曲线顶点位置左侧），这进一步表明：随着上海合作组织成员国 GDP 的增加，在未来一段时期内能源消费量还会增加，但最终能源消费会下降。

表 3 中，patent 的值为 0.000 630 6，且通过 1% 的显著性水平检验，表明 2007 年至 2015 年间科技进步并没有减少上海合作组织成员国的能源消

费量。gini 的值为-6.917 784, 且通过 1%的显著性水平检验。这表明 2007
年至 2015 年上海合作组织成员国的贫富差距的增加可以减少上海合作组织
成员国的能源消费量。表 3 中 population 和 second 的回归系数没有通过显
著性水平检验。

表 3　回归结果

解释变量	回归系数及显著性
ρ	-0.048 344 2* (-1.77)
GDP	0.048 186 4*** (16.93)
GDP * GDP	-3.55E-07*** (-10.20)
population	-5.21E-08 (-1.58)
patent	0.000 630 6*** (2.80)
second	-0.220 462 3 (-0.11)
gini	-6.917 784*** (-2.70)
常数项	253.749*** (2.18)

注: 被解释变量: energy。*** 表示通过 1%的显著性水平检验, ** 表示通过
5%的显著性水平检验, * 表示通过 10%的显著性水平检验。括号内的数字为
t 值。

(3) 滞后效应检验

表 4 是基于空间经济模型的 GDP 对能源消费影响的滞后效应检验结
果。表 4 中, GDP_1 表示滞后 1 期的 GDP, GDP_2 表示滞后 2 期的 GDP,

GDP_3 表示滞后 3 期的 GDP，GDP_4 表示滞后 4 期的 GDP。表 4 中 GDP_1、GDP_2、GDP_3 和 GDP_4 的回归系数均为正值且通过显著性水平检验，这说明上海合作组织成员国 GDP 对能源消费量的影响存在滞后效应，也就是上海合作组织成员国当年的 GDP 会对以后年份的能源消费量产生正相关影响。GDP_1、GDP_2、GDP_3 和 GDP_4 的回归系数不断减少，这说明滞后效应会随滞后期的增加而减弱。

比较表 3 中 GDP 的回归系数和表 4 中 GDP_1、GDP_2、GDP_3 和 GDP_4 的回归系数，会发现 GDP 的回归系数要远大于 GDP_1、GDP_2、GDP_3 和 GDP_4 的回归系数。这说明虽然上海合作组织成员国 GDP 对能源消费量的影响存在滞后效应，但上海合作组织成员国 GDP 对能源消费量的影响大小主要体现在当期。

表 4　滞后效应检验结果报告

解释变量	回归系数及显著性	回归系数及显著性	回归系数及显著性	回归系数及显著性
ρ	0.132 958 9** (2.02)	0.127 675 4** (2.04)	0.119 553** (2.16)	0.108 344 6** (2.47)
GDP_1	0.006 236 1*** (3.00)			
GDP_2		0.004 012 8** (2.61)		
GDP_3			0.002 836 2** (2.37)	
GDP_4				0.001 733* (1.88)
population	3.50E-07*** (5.29)	3.43E-07*** (5.36)	3.00E-07*** (5.11)	2.37E-07*** (4.84)
patent	0.000 689 1*** (5.48)	0.000 872 9*** (7.68)	0.001 053 2*** (10.31)	0.001 246 2*** (14.61)

续表

解释变量	回归系数及显著性	回归系数及显著性	回归系数及显著性	回归系数及显著性
second	19. 689 46 *** (4. 15)	18. 109 78 *** (3. 97)	16. 362 18 *** (4. 06)	13. 762 81 *** (4. 25)
gini	−4. 909 6 (−1. 02)	0. 729 050 8 (0. 15)	9. 054 08 (1. 86)	19. 686 78 *** (4. 58)
常数项	−483. 533 ** (−2. 13)	−605. 858 9 *** (−2. 71)	−803. 469 8 *** (−3. 94)	−1 040. 186 *** (−6. 05)

注：被解释变量：energy。*** 表示通过 1% 的显著性水平检验，** 表示通过 5% 的显著性水平检验，* 表示通过 10% 的显著性水平检验。括号内的数字为 t 值。

(4) 因果检验

本章使用格兰杰因果检验来识别上海合作组织成员国的能源消费量与 GDP 之间的相关影响关系，表 5 是格兰杰因果检验报告。

表 5 中，所有 P 值均小于 1% 的显著性水平，这表明 GDP 不是 energy 的格兰杰原因的原假设被否定，同时 energy 不是 GDP 的格兰杰原因的原假设也被否定。这说明上海合作组织成员国的能源消费量与 GDP 之间存在双向的格兰杰因果关系，也就是上海合作组织成员国的 GDP 影响能源消费量，同时上海合作组织成员国的能源消费量也影响 GDP。

表 5　格兰杰因果检验报告

原假设	滞后期	观察值	F 值	P 值
GDP 不是 energy 的格兰杰原因	1	71	18. 975 3	5E−05
energy 不是 GDP 的格兰杰原因	1	71	19. 951 0	3E−05

续表

原假设	滞后期	观察值	F 值	P 值
GDP 不是 energy 的格兰杰原因	2	70	12. 796 3	2E-05
energy 不是 GDP 的格兰杰原因	2	70	11. 821 6	4E-05
GDP 不是 energy 的格兰杰原因	3	69	10. 466 6	1E-05
energy 不是 GDP 的格兰杰原因	3	69	10. 852 2	8E-05
GDP 不是 energy 的格兰杰原因	4	68	8. 622 26	2E-05
energy 不是 GDP 的格兰杰原因	4	68	9. 877 05	3E-06

(5) 分组检验

按照是否为能源净进口国, 本章将上海合作组织成员国分成两组, 一组为能源净进口国, 另一种为能源净出口国。能源净进口国为: 中国, 印度, 巴基斯坦, 吉尔吉斯斯坦, 塔吉克斯坦; 能源净出口国为: 俄罗斯, 哈萨克斯坦, 乌兹别克斯坦。

本章运用空间经济模型得出上海合作组织成员国能源消费与 GDP 之间存在倒 U 形曲线关系的结论, 该结论对于上海合作组织成员国的能源净进口国或能源净出口国而言是否还成立? 这是本章进行分组检验的主要目的。

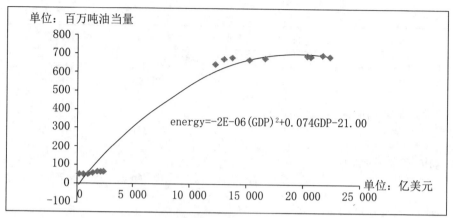

图3 上海合作组织成员国能源净出口国的能源消费量与 GDP
之间关系的散点图及拟合线

图3 为上海合作组织能源净出口国的能源消费量与 GDP 之间关系的散点图及拟合线，其中横坐标为 GDP 数据，纵坐标为能源消费量数据。图3 中的散点所对应的拟合线为倒 U 形状，所对应的回归方程为：$energy = -2E-06(GDP)^2 + 0.074GDP - 21.00$。回归方程中 $(GDP)^2$ 的系数为负值，也说明上海合作组织成员国能源净出口国的能源消费量与 GDP 之间为倒 U 形曲线关系。

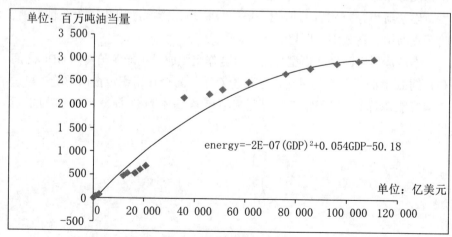

图4 上海合作组织成员国能源净进口国的能源消费量与
GDP 之间关系的散点图及拟合线

图 4 为上海合作组织成员国能源净进口国的能源消费量与 GDP 之间关系的散点图及拟合线，其中横坐标为 GDP 数据，纵坐标为能源消费量数据。图 4 中的散点所对应的拟合线为倒 U 形状，所对应的回归方程为：energy $= -(2E-07) \times (GDP)^2 + 0.054GDP - 50.18$。回归方程中 $(GDP)^2$ 的系数为负值，说明上海合作组织成员国能源净进口国的能源消费量与 GDP 之间为倒 U 形曲线关系。

综合图 3 和图 4 的分析可知，能源消费量与 GDP 之间的倒 U 形曲线关系，不仅在上海合作组织成员国的能源净进口国成立，在上海合作组织成员国的能源净出口国同样成立。

（6）能源峰值论在上海合作组织区域的检验

能源峰值论的主要内容：随着一国或某区域体 GDP 的增加，该国或该区域体 GDP 的能源消费量并不会一直增加，而是先增加后减少。换句话说，随着一国或某区域体 GDP 的增加，该国或该区域体的能源消费量存在最大值。总体上，一国或一区域体 GDP 与能源消费量之间呈现倒 U 形曲线关系，如图 5 所示。

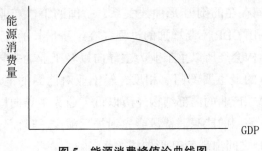

图 5　能源消费峰值论曲线图

本章证实了能源消费量与 GDP 之间存在倒 U 形曲线关系，对于上海合作组织（所有成员国组成的区域体）成立，对于上海合作组织成员国的能源净进口国成立，对于上海合作组织成员国的能源净出口国也成立。该研究结论表明：能源峰值论在上海合作组织得到验证。

（7）上海合作组织能源消费量与 GDP 之间存在的倒 U 形曲线关系的经济学解释

本章主要从产业结构演变规律角度来说明上海合作组织能源消费量与

GDP 之间存在的倒 U 形曲线关系。其中，产业结构演变规律包括三大产业比重演变规律和第二产业内部结构的演变规律。一国经济增长过程中（GDP 不断增加的过程中），三大产业比重演变规律和第二产业内部结构演变规律都会同时发生。

关于从三大产业比重演变规律视角来说明上海合作组织能源消费量与GDP 之间存在的倒 U 形曲线关系。一国的产业结构主要由第一产业、第二产业和第三产业构成。其中，第二产业是能源消费的主要产业。三大产业比重演变规律：一国 GDP 不断增加的过程（在经济增长的过程中），一国的产业结构演变依次经历第一产业为主导向第二产业为主导转变及第二产业为主导向第三产业为主导转变的过程。在一国 GDP 经历从第一产业为主导向第二产业为主导的转变过程中，该国对能源的需求（能源消费量）会不断增加；在该国 GDP 经历从第二产业为主导向第三产业为主导的转变过程中，该国对能源的需求（能源消费量）会不断减少。因此，随着一国GDP 不断增加，该国的能源消费量会出现先增加后减少的数量特征，能源消费量与 GDP 之间为倒 U 形曲线关系。

关于从第二产业内部结构的演变规律角度来解释上海合作组织能源消费量与 GDP 之间存在的倒 U 形曲线关系。一国的第二产业由重工业和轻工业构成，在一国 GDP 不断增加的过程（在经济增长的过程中），该国第二产业的内部结构会经历以重工业为主导向以轻工业为主导的转变。重工业是能源消费量的最主要部门。相反，轻工业对能源的消费需求量较少。因此，在一国第二产业的内部结构经历以重工业为主导向以轻工业为主导的转变过程中，该国的能源消费量会先增加后减少，进而导致该国能源消费需求量与 GDP 之间出现倒 U 形曲线关系。

第四节　本章小结

本章基于 1997 年至 2015 年的面板数据并运用空间经济学模型对上海合作组织能源消费量与经济增长之间的数量关系进行实证研究。实证结果表明：

（1）上海合作组织能源消费量与 GDP 之间存在显著的倒 U 形曲线关系，也就是随着上海合作组织 GDP 的增加，上海合作组织能源消费量会出现先增加后减少的数量特征。该研究结论说明能源峰值论在上海合作组织的成立，同时也说明了上海合作组织的能源消费量不会无限增加。

（2）能源消费量与 GDP 之间存在显著的倒 U 形曲线关系，不仅对于上海合作组织整体而言成立，对于上海合作组织的能源净进口国而言也成立，对于上海合作组织的能源净出口国而言也成立。目前还没有越过倒 U 形曲线顶点，还处于倒 U 形顶点左侧位置。

（3）上海合作组织成员国能源消费体现出以邻为壑的数量特征，也就是上海合作组织某一成员国的能源消费量增加会对邻国的能源消费量产生抑制作用。

（4）上海合作组织成员国 GDP 对能源消费量的影响存在滞后效应，但上海合作组织成员国 GDP 对能源消费量的影响大小主要体现在当期，上海合作组织成员国 GDP 对能源消费量影响的滞后效应会随滞后期的增加而减弱。

（5）本章的格兰杰因果检验表明：上海合作组织成员国的能源消费量与 GDP 之间存在双向的格兰杰因果关系，也就是上海合作组织成员国的 GDP 影响能源消费量，同时上海合作组织成员国的能源消费量也影响 GDP。格兰杰因果检验充分说明了上海合作组织能源消费量与 GDP 之间的相互依存性。

能源生产峰值论在上海合作组织的检验

本章基于上海合作组织能源生产量数据和 GDP 数据，来检验能源生产峰值论在上海合作组织区域是否成立。本章结构安排如下：第一节为能源峰值论的概念；第二节为能源生产峰值论检验的计量模型研究设计；第三节为回归模型分析；第四节为本章小结。

第一节　能源生产峰值论的概念

基于能源消费峰值论，能源经济学家提出了能源生产峰值论。一国的能源生产主要是为了满足本国的能源消费需求，一国的能源消费量与能源生产量总处于相对平衡状态。随着一国能源消费需求量的增加，该国能源生产量也要相应增加；随着一国能源消费量的减少，该国能源生产量也要相应减少。因此，随着一国能源消费峰值论的成立，该国的能源生产峰值论也相应成立。

能源生产峰值论是指随着一国 GDP 的增加，一国能源的生产量会先增加，后减少。以横坐标表示一国的 GDP，纵坐标表示一国能源生产量，则一国能源生产量与 GDP 之间表现为倒 U 形曲线关系，如图 1 所示。

高霞、冯连勇（2011）的研究支持石油生产峰值论，石油供给的下降趋势与石油供给的上升趋势相对称。李民骐（2010）的研究也支持能源生产峰值论，其研究表明世界石油产量很可能已经达到峰值，未来将趋于下降，世界煤炭和天然气的产量有可能在未来二三十年越过峰值。

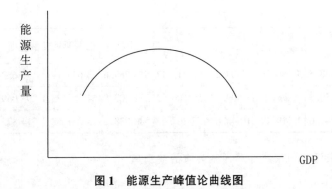

图1 能源生产峰值论曲线图

第二节 能源生产峰值论检验的计量模型

（一）相关数据

表1 上海合作组织成员国能源生产量（单位：千吨标准油）

年份	哈萨克斯坦	吉尔吉斯斯坦	塔吉克斯坦	乌兹别克斯坦	印度	巴基斯坦	俄罗斯	中国
1996	63 709.56	1 318.99	1 346.97	49 101.15	342 259.3	41 981.55	964 999.9	927 385
1997	65 552.5	1 261.15	1 244.32	51 316.04	353 067.1	422 11.25	933 432.7	925 944
1998	64 809.06	1 113.58	1 268.98	54 414.84	351 942.9	43 328.5	939 750.5	868 881
1999	66 121.93	1 301.18	1 382.48	55 044.82	359 444.2	45 114.02	962 100.4	880 664
2000	78 575.22	1 368.06	1 264.46	54 962.28	366 389.5	46 894.68	977 983.1	969 018.9
2001	83 954.46	1 289.68	1 288.37	55 522.51	374 507.4	48 869.31	1 008 222	1 030 944
2002	91 204.48	1 156.76	1 361.13	56 241.41	383 666.8	49 824.59	1 046 285	1 092 846
2003	101 918.4	1 289.76	1 466.39	56 416	396 372.5	54 884.16	1 119 453	1 246 845
2004	114 622.9	1 388.73	1 491.71	57 954.76	409 940.6	58 255.22	1 172 318	1 441 313
2005	118 570.4	1 334.4	1 546.02	56 404.97	423 857	60 719.39	1 203 237	1 601 655
2006	127 793.4	1 287.13	1 519.23	58 489.23	440 016	61 037.82	1 227 000	1 711 628
2007	132 119.8	1 323.08	1 573.88	59 801.41	460 839.7	63 229.57	1 239 129	1 847 360
2008	144 369.2	1 134.22	1 488.02	62 030.76	477 794.3	62 167.07	1 253 922	1 939 996

续表

年份	哈萨克斯坦	吉尔吉斯斯坦	塔吉克斯坦	乌兹别克斯坦	印度	巴基斯坦	俄罗斯	中国
2009	147 948.5	1 186.28	1 503.27	56 713.17	514 269.6	63 645.19	1 190 622	2 000 645
2010	156 750.3	1 273.1	1 509.42	55 106.92	531 303.8	64 303.23	1 293 049	2 182 691
2011	160 147.6	1 619.49	1 541.63	57 267.63	540 938.6	65 066.58	1 314 875	2 378 864

数据来源：国家统计局网站公布的数据库。

表 2 上海合作组织成员国 GDP（单位：亿美元）

年份	哈萨克斯坦	吉尔吉斯斯坦	塔吉克斯坦	乌兹别克斯坦	印度	巴基斯坦	俄罗斯	中国
1996	210.353 6	18.275 71	10.438 93	139.488 9	3 997.873	633.201 2	3 917.2	8 637.464
1997	221.659 3	17.678 64	9.218 431	147.446	4 231.608	624.333	4 049.265	9 616.034
1998	221.352 5	16.459 64	13.201 27	149.889 7	4 287.407	621.919 6	2 709.531	10 290.43
1999	168.708 2	12.490 62	10.865 67	170.784 7	4 668.667	629.738 6	1 959.058	10 939.98
2000	182.919 9	13.696 93	8.605 503	137.603 7	4 766.091	739.523 7	2 597.085	12 113.46
2001	221.526 9	15.251 12	10.807 74	114.013 5	4 939.542	723.097 4	3 066.027	13 394.12
2002	246.366	16.056 41	12.211 14	96.879 51	5 239.684	723.068 2	3 451.104	14 705.5
2003	308.336 9	19.190 13	15.541 26	101.281 1	6 183.565	832.448	4 303.478	16 602.88
2004	431.516 5	22.115 35	20.761 49	120.300 2	7 215.848	979.777 7	5 910.167	19 553.47
2005	571.236 7	24.602 48	23.123 2	143.075 1	8 342.147	1 095.021	7 640.171	22 866.91
2006	810.038 8	28.341 69	28.302 36	173.308 3	9 491.168	1 372.641	9 899.305	27 526.84
2007	1 048.499	38.025 66	37.194 97	223.113 9	12 010.72	1 523.857	12 997.06	35 538.18
2008	1 334.416	51.399 58	51.613 36	295.494 4	11 869.13	1 700.778	16 608.46	46 005.89
2009	1 153.087	46.900 29	49.794 82	336.892 2	13 238.96	1 681.528	12 226.48	51 102.53
2010	1 480.524	47.943 62	56.422 22	393.327 7	16 565.62	1 774.069	15 249.15	61 013.41
2011	1 926	61.988 38	65.225 91	459.151 9	18 229.9	2 138.539	20 317.69	75 757.2

数据来源：国家统计局网站公布的数据库。

（二）样本选择、变量定义与数据描述

1. 样本选择

本章以上海合作组织成员国为研究样本，分别为：哈萨克斯坦、吉尔吉斯斯坦、塔吉克斯坦、乌兹别克斯坦、印度、巴基斯坦、俄罗斯、中国。

2. 变量定义

表 3　变量定义

分类	变量名称	变量含义
被解释变量	energy	表示能源生产量，单位：千吨标准油
解释变量	GDP	表示国内生产总值，单位：亿美元

3. 数据的统计性描述

本章以上海合作组织成员国 1996 年至 2011 年的数据进行实证研究，相关数据来源于国家统计局官方数据库。各变量对应数据的统计性描述如表 4 所示。

表 4　各变量的统计性描述

变量	观察值	平均值	标准差	最小值	最大值
energy	128	438 174	620 086.8	2 122.29	2 706 595
GDP	128	5 705.073	11 631.71	8.605 503	75 757.2

4. 散点图分析

图 2 为上海合作组织成员国 GDP 与能源生产量之间的散点图及拟合线。图 2 中，横坐标为上海合作组织成员国 GDP，纵坐标为上海合作组织成员国能源生产量。图 2 中的拟合线为倒 U 形曲线。

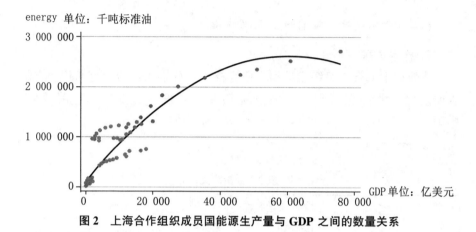

图 2　上海合作组织成员国能源生产量与 GDP 之间的数量关系

第三节　回归模型分析

（一）回归方程

作者采用动态面板数据模型进行回归分析，回归方程为：

$$energy_{i,t} = c + \beta \, energy_{i,t-1} + \gamma \, GDP_{i,t} + \delta \, (GDP_{i,t})^2 + \varepsilon_{i,t} \qquad (1)$$

表 5　动态面板数据模型回归结果

解释变量	回归系数估计
$energy_{i,t-1}$	0. 855 230 2 *** （19. 92）
$GDP_{i,t}$	16. 684 31 *** （4. 21）
$(GDP_{i,t})^2$	−0. 000 136 2 *** （−3. 00）
常数项	8 671. 964 （0. 70）

（二）回归结果报告

表5中，$energy_{i,\,t-1}$的回归系数为0.855 230 2，且通过1%的显著性检验。这说明上海合作组织成员国当年的能源生产量与下一年的能源生产量呈正相关关系。也就是上海合作组织成员国当年的能源生产量每增加1千吨标准油，上海合作组织成员国下一年的能源生产量将增加0.855 230 2千吨标准油。

表5中，GDP的回归系数为16.684 31，且通过1%的显著性检验。这说明上海合作组织成员国当年的能源生产量与上海合作组织成员国的国内生产总值呈正相关关系。也就是上海合作组织成员国GDP越大，能源生产量也会越大。

表5中，$(GDP_{i,\,t})^2$的回归系数为-0.000 136 2，且通过1%的显著性检验。这说明上海合作组织成员国当年的能源生产量与上海合作组织成员国的国内生产总值之间呈倒U形曲线关系。也就是随着上海合作组织成员国的国内生产总值的不断增加，上海合作组织成员国的能源生产量先不断增加，在上海合作组织成员国的能源生产量达到最大值后，上海合作组织成员国的能源生产量开始随着GDP增长而不断减少。这说明了基于能源生产与GDP之间的数量关系角度分析，上海合作组织成员国能源生产峰值论的存在性。

第四节　本章小结

本章基于上海合作组织能源生产量和GDP的数据进行实证研究，研究发现：上海合作组织成员国能源生产量与上海合作组织成员国的国内生产总值之间呈倒U形曲线关系。也就是随着上海合作组织成员国的国内生产总值的不断增加，上海合作组织成员国的能源生产量先不断增加，在上海合作组织成员国的能源生产量达到最大值后，上海合作组织成员国的能源生产量开始随GDP增长而不断减少。本章的研究结论支持能源生产峰值论。

上海合作组织成员国能源消费强度收敛
性与能源消费效率研究

第一节　上海合作组织成员国能源消费强度
收敛性的文献回顾与收敛方程

一、相关文献回顾

能源消耗强度是指单位 GDP 所消耗的能源量，反映了一国经济对能源的依赖程度和能源使用效率。能源消耗强度又被称为能源消费强度。一般而言，一国能源消耗强度越大，该国经济对能源的依赖程度越高；一国能源消耗强度越大，该国能源使用效率越低。国内外学者对能源消耗强度进行了大量的研究工作。

国外文献回顾。Mielnik 和 Goldemberg（2000）以 18 个工业化国家和23 个发展中国家为研究样本对能源消费强度收敛性进行研究，研究结果表明：1971 年至 1992 年间发达国家和发展中国家能源消费强度均存在收敛现象。Markandya（2006）对东欧 12 个转型国家和欧盟 15 个国家的能源消费强度的收敛性问题进行了实证分析。研究表明：转型国家在 2000 年至2020 年的能源强度收敛于欧盟国家的平均水平。

国内文献回顾。籍艳丽（2011）采用面板数据对金砖五国的经济增长与能源消费强度的收敛性进行了实证分析。经济增长收敛性检验表明：短期内金砖五国的经济增长均收敛，但各国的收敛速度不同，长期只有中国和巴西经济增长存在收敛；能源消费强度收敛性检验表明：只有中国和南非的能源消费强度存在收敛效应。赵慧卿（2014）采用我国 1985 年至

2010 年的省际面板数据对我国三大区域的能源效率进行俱乐部收敛检验，研究结果显示：三大区域的能源效率存在俱乐部收敛。齐绍洲、李锴（2010）研究结果表明：发展中国家与发达国家之间的能源消费强度差异是收敛的，发展中国家与发达国家之间人均 GDP 的差异每降低 1%，则发展中国家与发达国家之间能源消费强度差异将减少 2.138%。夏利宇（2014）采用省际面板数据对我国区域能源强度的收敛性问题进行了实证分析，研究表明：我国东部地区能源强度存在条件俱乐部收敛，中部地区能源强度存在绝对俱乐部收敛，西部地区能源强度存在绝对俱乐部收敛。张勇军、刘灿、胡宗义（2015）采用面板数据分位数回归方法对我国的能耗消费强度进行了 β 收敛检验。研究表明：我国西南地区、大西北地区、黄河中游地区和东北地区的能源消耗强度不存在 β 收敛检验，东南沿海地区、东部地区、长江中游地区和北部沿海地区能源消耗强度存在 β 收敛检验。魏巍贤、王锋（2010）从理论上证明了能源消费强度收敛的存在性，并选取 24 个国家对能源消费强度进行了收敛性检验。研究表明，这 24 个国家均存在能源消费强度收敛现象。

　　不过，相关文献缺乏对上海合作组织成员国能源消费强度收敛的研究。本章以上海合作组织成员国为研究对象，对能源消费强度收敛性问题进行实证分析。本章结构安排如下：第一节为上海合作组织成员国能源消费强度收敛性的文献回顾与收敛方程，第二节为上海合作组织成员国能源消费强度收敛检验的计量模型研究设计，第三节为上海合作组织成员国能源效率分析，第四节为研究结论。

二、收敛的类型及收敛方程

本章以经济增长为例来说明收敛的类型及所对应的收敛方程。

（一）经济增长收敛的类型

1. σ -收敛
一组经济体的人均收入的方差随时间推移而递减的趋势。

2. β -收敛
一国人均产出增长率与其初期人均产出水平负相关，也就是初期人均产出水平较低的国家或地区的经济增长速度比初期人均产出水平较高的国家的经济增长速度要快。β 收敛产生的主要原因是要素的边际报酬递减规律，主要代表人物：Barro。

β 收敛可分为绝对 β 收敛和条件 β 收敛。绝对 β 收敛：在不考虑各经济主体经济特征的前提下，经济落后国家比经济发达国家具有更高的经济增长率。条件 β 收敛：在对应不同均衡值时，经济增长率与偏离均衡程度成正比。

3. 俱乐部收敛

在具有相同或相似的人力资本、市场开放度等结构特征的经济地区间，人均产出具有长期趋同的趋势。较穷的国家集团或较富的国家集团各自内部存在条件收敛，但两个集团之间却没有收敛现象。

（二）经济增长收敛方程

1. β 收敛方程

$$\ln\left(\frac{y_{i,\,t+1}}{y_{i,\,t}}\right) = \alpha + \beta\ln(y_{i,\,t}) + \varepsilon_{i,\,t}$$

当 $\beta < 0$，则存在 β 收敛；当 $\beta > 0$，则不存在 β 收敛。

$$\frac{\ln y_{i,\,T} - \ln y_{i,\,0}}{T} = \alpha + \beta\ln y_{i,\,0} + \varepsilon_{i,\,t}$$

当 β 为负且在统计上显著，则说明在 0–T 期存在 β 收敛。

2. 俱乐部收敛方程

$$\ln\left(\frac{y_{i,\,t}}{y_{i,\,t-1}}\right) = \alpha_1 - \alpha_2\ln(y_{i,\,t=0}) + \varepsilon_{i,\,t}$$

当 $\alpha_2 > 0$，则存在俱乐部收敛。

3. σ –收敛方程

$$\sigma_t = \sqrt{\frac{1}{n}\left\{\sum_{i=1}^{n}\left[\ln(y_{i,\,t}) - \frac{1}{n}\sum_{i=1}^{n}(y_{i,\,t})\right]^2\right\}}$$

当满足 $\sigma_{t+T} < \sigma_t$，则存在 σ –收敛。

4. 收敛所对应的稳态值、收敛速度、收敛的半生命周期

以 β 收敛为例，来说明收敛所对应的稳态值、收敛速度、收敛的半生命周期。

$$\ln y_{i,\,T} - \ln y_{i,\,0} = \alpha + \beta\ln y_{i,\,0} + \varepsilon_{i,\,t}$$

收敛所达到的稳态值 γ_0，$\gamma_0 = \dfrac{\alpha}{1-\beta}$。收敛速度 θ，$\theta = -\ln(1+\beta)/T$。

半生命周期 τ（落后地区追上发达地区的时间），$\tau = \ln(2)/\theta$。

第二节　上海合作组织成员国能源消费强度收敛检验的计量模型研究设计

（一）样本选择及相关数据

1. 样本选择

中国、俄罗斯、哈萨克斯坦、吉尔吉斯斯坦、塔吉克斯坦、乌兹别克斯坦、印度、巴基斯坦。

2. 数据来源

上海合作组织成员国能源消费强度相关数据来源于《国际统计年鉴》。相关数据如表 1 所示。

表1　万美元国内生产总值能耗（吨标准油/万美元）

年份	中国	俄罗斯	印度	巴基斯坦	哈萨克斯坦	吉尔吉斯斯坦	塔吉克斯坦	乌兹别克斯坦
2000	2.50	3.21	1.66	1.32	2.47	——	——	——
2005	2.40	2.51	1.41	1.23	2.15	——	——	——
2010	1.96	2.23	1.26	1.16	2.16	——	——	——
2011	1.94	2.24	1.23	1.13	2.25	——	——	——
2012	1.89	2.22	1.22	1.10	2.05	——	——	——
2013	1.89	2.16	1.18	1.06	2.13	——	——	——

注：《国际统计年鉴》中没有公布吉尔吉斯斯坦、塔吉克斯坦、乌兹别克斯坦的万美元国内生产总值能耗数据。

3. 收敛检验

（1）β 收敛检验

β 收敛检验的方程为：$\ln(\dfrac{y_{i,\,t+1}}{y_{i,\,t}}) = \alpha + \beta \ln(y_{i,\,t}) + \varepsilon_{i,\,t}$。

当 $\beta < 0$，则存在 β 收敛；当 $\beta > 0$，则不存在 β 收敛。β 收敛回归结果报告如表 2 所示。表 2 中 β 的回归系数为 -0.706 438，即满足 $\beta < 0$；β 的系数所对应的 P 值为 0.133，虽然没有通过 1%，5%，10% 的显著性水平检验，但通过了 15% 的显著性水平检验，从而说明上海合作组织成员国的能源消费强度在一定程度上存在 β 收敛。上海合作组织成员国的能源消费强度存在 β 收敛，说明上海合作组织成员国中一国能源消费强度的增长率与其初期能源消费强度水平负相关

表 2　β 收敛回归结果报告

	回归系数	标准差	t 统计量	P 值
α	-0.014 234	0.029 899 8	-0.48	0.639
β	-0.706 438	0.045 310 6	-1.56	0.133

（2）俱乐部收敛检验

俱乐部收敛检验的方程为：

$$\ln\left(\frac{y_{i,\,t}}{y_{i,\,t-1}}\right) = \alpha_1 - \alpha_2 \ln(y_{i,\,t=0}) + \varepsilon_{i,\,t}$$

当 $\alpha_2 > 0$，则存在俱乐部收敛。俱乐部收敛回归结果报告如表 3 所示。表 3 中 α_2 的回归系数为 0.016 479 1，满足 $\alpha_2 > 0$，从而说明上海合作组织成员国的能源消费强度存在俱乐部收敛。上海合作组织成员国的能源消费强度存在俱乐部收敛，说明上海合作组织成员的能源消费强度具有长期趋同的趋势。

表 3　俱乐部收敛回归结果报告

	回归系数	标准差	t 统计量
α_1	-0.042 956 3	0.037 876 7	-0.36
α_2	0.016 479 1	0.046 264 5	-1.13

第三节 上海合作组织成员国能源效率分析

（一）上海合作组织各成员国能源效率的计算

能源效率的概念：单位能源要素能获得的产出。一国能源效率等于该国 GDP 与能源投入总量之比。计算公式为：

$$EFE = GDP/E$$

其中 EFE 为一国能源效率，E 为该国能源投入总量，GDP 为该国国内生产总值。EFE 越大，表明该国能源效率越大。表 4 为上海合作组织成员国能源效率的相关数据。

表 4 上海合作组织成员国能源效率（单位：万美元/吨标准油）

年份	哈萨克斯坦	吉尔吉斯斯坦	塔吉克斯坦	乌兹别克斯坦	印度	巴基斯坦	俄罗斯	中国
1996	0.157 7	0.218 3	0.231 5	0.076 8	0.367 6	0.425 5	0.177 9	0.089 3
1997	0.184 2	0.255 1	0.236 4	0.079 4	0.367 6	0.418 4	0.188 7	0.100 2
1998	0.181 5	0.244 5	0.236 4	0.074 6	0.381 7	0.420 2	0.183 2	0.111 7
1999	0.204 1	0.289 9	0.246 9	0.075 8	0.389 1	0.413 2	0.188 0	0.117 2
2000	0.226 2	0.306 7	0.278 6	0.079 3	0.393 7	0.420 2	0.203 7	0.118 2
2001	0.264 6	0.352 1	0.310 6	0.082 1	0.409 8	0.421 9	0.211 4	0.123 6
2002	0.252 5	0.311 5	0.337 8	0.082 0	0.414 9	0.431 0	0.222 7	0.124 6
2003	0.254 5	0.309 6	0.365 0	0.086 6	0.436 7	0.431 0	0.230 4	0.121 3
2004	0.237 0	0.324 7	0.373 1	0.096 0	0.444 4	0.432 9	0.246 3	0.122 1
2005	0.259 7	0.334 4	0.413 2	0.111 5	0.467 3	0.446 4	0.260 4	0.126 4
2006	0.237 0	0.340 1	0.337 8	0.113 6	0.485 4	0.458 7	0.273 2	0.138 5
2007	0.240 4	0.341 3	0.384 6	0.126 3	0.507 6	0.452 5	0.295 9	0.164 1
2008	0.237 0	0.395 3	0.487 8	0.132 8	0.512 8	0.469 5	0.304 9	0.205 5
2009	0.252 5	0.369 0	0.537 6	0.161 3	0.512 8	0.469 5	0.298 5	0.217 9

续表

年份	哈萨克斯坦	吉尔吉斯斯坦	塔吉克斯坦	乌兹别克斯坦	印度	巴基斯坦	俄罗斯	中国
2010	0.237 5	0.377 5	0.578 0	0.179 5	0.543 5	0.492 6	0.288 2	0.240 6

注：相关数据基于购买力评价法计算。数据来源于国际统计年鉴，中国能源效率数据根据作者计算得来。

根据表 4 中数据，本章描绘了 1996 年~2010 年上海合作组织成员国能源效率的散点折线图，如图 1 所示。

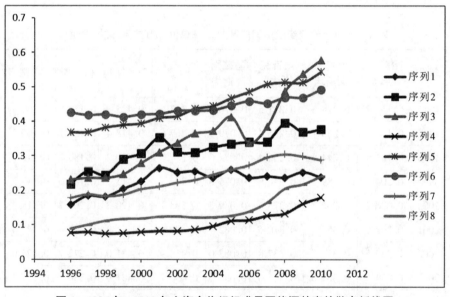

图 1   1996 年~2010 年上海合作组织成员国能源效率的散点折线图

图 1 中，序列 1 至序列 8 依次对应于哈萨克斯坦、吉尔吉斯斯坦、塔吉克斯坦、乌兹别克斯坦、印度、巴基斯坦、俄罗斯、中国的能源效率散点折线图。

图 1 显示，上海合作组织成员国中乌兹别克斯坦的能源效率在各年份都是最低的，中国的能源效率在各年份比乌兹别克斯坦的能源效率稍微高一点。印度和巴基斯坦的能源效率在各年份一直处于较高水平，塔吉克斯

坦的能源效率在 2008 年、2009 年、2010 年处于较高水平。

（二）上海合作组织各成员国在各年份的能源效率排序（由高到低排序）

2010 年：塔吉克斯坦、印度、巴基斯坦、吉尔吉斯斯坦 、俄罗斯 、中国、哈萨克斯坦、乌兹别克斯坦。

2009 年：塔吉克斯坦、印度、巴基斯坦、吉尔吉斯斯坦 、俄罗斯、哈萨克斯坦、中国、乌兹别克斯坦。

2008 年：印度、塔吉克斯坦 、巴基斯坦、吉尔吉斯斯坦、俄罗斯、哈萨克斯坦、中国、乌兹别克斯坦。

2007 年：印度、巴基斯坦、塔吉克斯坦、吉尔吉斯斯坦、俄罗斯、哈萨克斯坦、中国、乌兹别克斯坦。

2006 年：印度、巴基斯坦、吉尔吉斯斯坦、塔吉克斯坦、俄罗斯、哈萨克斯坦、中国、乌兹别克斯坦。

2005 年：印度、巴基斯坦、塔吉克斯坦、吉尔吉斯斯坦、俄罗斯、哈萨克斯坦、中国、乌兹别克斯坦。

2004 年：印度、巴基斯坦、塔吉克斯坦、吉尔吉斯斯坦、俄罗斯、哈萨克斯坦、中国、乌兹别克斯坦。

2003 年：印度、巴基斯坦、塔吉克斯坦、吉尔吉斯斯坦、哈萨克斯坦、俄罗斯、中国、乌兹别克斯坦。

2002 年：巴基斯坦、印度、塔吉克斯坦、吉尔吉斯斯坦、哈萨克斯坦、俄罗斯、中国 、乌兹别克斯坦。

2001 年：巴基斯坦、印度、吉尔吉斯斯坦、塔吉克斯坦、哈萨克斯坦、俄罗斯、中国 、乌兹别克斯坦。

2000 年：巴基斯坦、印度、吉尔吉斯斯坦、塔吉克斯坦、哈萨克斯坦、俄罗斯、中国、乌兹别克斯坦。

1999 年：巴基斯坦、印度、吉尔吉斯斯坦、塔吉克斯坦、哈萨克斯坦、俄罗斯、中国、乌兹别克斯坦。

1998 年：巴基斯坦、印度、吉尔吉斯斯坦、塔吉克斯坦、俄罗斯、哈萨克斯坦、中国、乌兹别克斯坦。

1997 年：巴基斯坦、印度、吉尔吉斯斯坦、塔吉克斯坦、俄罗斯、哈萨克斯坦、中国、乌兹别克斯坦。

1996 年：巴基斯坦、印度、塔吉克斯坦、吉尔吉斯斯坦、俄罗斯、哈萨克斯坦、中国、乌兹别克斯坦。

根据各成员国在各年份的能源效率由高到低排序可知：塔吉克斯坦、印度、巴基斯坦、吉尔吉斯斯坦在各年份的能源效率较高，而这四个国家为上海合作组织成员国中能源净进口国。因此，可以得到结论：上海合作组织成员国中能源净进口国的能源效率较高（中国是一个例外）

根据各成员国在各年份的能源效率由高到低排序可知：俄罗斯、中国、哈萨克斯坦、乌兹别克斯坦在各年份的能源效率较低，而俄罗斯、哈萨克斯坦、乌兹别克斯坦为上海合作组织成员国中能源净进口国。因此，可以得到结论：上海合作组织成员国中能源净出口国的能源效率较低（中国是一个例外）

（三）上海合作组织各成员国能源效率趋势分析

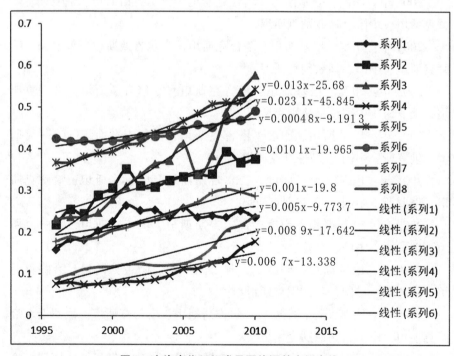

图 2　上海合作组织成员国能源效率拟合线

　　基于图 1 中 1996 至 2010 年上海合作组织成员国能源效率的散点折线图，本章得出 1996 年至 2010 年上海合作组织成员国能源效率的拟合线，如图 2 所示。图 2 中各成员国能源效率的拟合线均向右上方倾斜，各成员国能源效率的拟合线方程的斜率均为正数，这说明上海合作组织成员国的能源效率均具有不断增加的趋势，也就是上海合作组织成员国的能源效率均在不断提高。

　　图 2 中，上海合作组织成员国能源效率拟合线斜率大小排序（由大到小顺序）：

　　塔吉克斯坦、哈萨克斯坦、吉尔吉斯斯坦、俄罗斯、中国、乌兹别克斯坦、印度、巴基斯坦。塔吉克斯坦能源效率拟合线的斜率最大，这说明塔吉克斯坦能源效率增加得最快。巴基斯坦能源效率拟合线的斜率最小，这说明巴基斯坦能源效率增加得最慢。

第四节　本章小结

　　本章的 β 收敛检验和俱乐部收敛检验表明上海合作组织成员国的能源消费强度既存在 β 收敛又存在俱乐部收敛。也就是上海合作组织成员国的能源消费强度的增长率与其初期能源消费强度水平负相关，上海合作组织成员的能源消费强度还具有长期趋同的趋势。

　　本章的上海合作组织成员国能源效率研究表明：各成员国在各年份的能源效率由高到低排序：塔吉克斯坦、印度、巴基斯坦、吉尔吉斯斯坦、俄罗斯、中国、哈萨克斯坦、乌兹别克斯坦。研究还表明：一般而言，上海合作组织成员国中能源净进口国的能源效率较高，而能源净出口国的能源效率较低。

上海合作组织成员国能源行业 CES 生产函数估计

第一节 中国能源行业 CES 生产函数估计

（一）引言

索洛（1957）提出使用柯布-道格拉斯生产函数来研究总量经济行为。柯布-道格拉斯生产函数隐含了要素收入份额不变的重要特性，同时也隐含了要素替代弹性恒等于 1 的重要特性。然而现实的情况是，要素收入份额在许多国家都发生了变动，同时要素的替代弹性也不恒等于 1。因此，采用柯布-道格拉斯生产函数形式来描述一国的生产函数形式存在一定的缺陷。希克斯（Kicks）在 20 世纪 30 年代初首次提出了要素替代弹性的概念。要素替代弹性主要度量要素相对投入比例的变动对要素相对价格变动的敏感程度。Arrow 等（1961）提出了不变替代弹性生产函数（Constant Elasticity of Substitution，CES）。CES 生产函数中要素替代弹性不再恒等于 1，而是大于 0 的常数，因此，CES 生产函数有效克服了柯布-道格拉斯生产函数中要素替代弹性恒等于 1 的缺陷。本章采用 CES 生产函数形式对中国能源行业的总量生产函数进行估计。

（二）文献回顾

采用不变替代弹性 CES 生产函数形式对我国总量生产函数进行估计，是现阶段我国学术界研究的热点，我国学者进行了大量的实证研究。

一是关于我国总量生产函数是否采用柯布-道格拉斯生产函数形式的研究。一种研究结论认为我国总量生产函数为柯布-道格拉斯生产函数形式。章上峰、董君、许冰（2017）运用 1978 年 ~2013 年间中国的省际面板数据并采用标准化的 CES 生产函数对中国总量生产函数进行了估计。研究发现，各个年份要素的替代弹性大小在 0.8~1.5 区间段，呈现向 1 收敛的趋势，研究结果支持我国总量生产函数为柯布-道格拉斯生产函数形式的合理性。另一种研究结论认为我国总量生产函数采用柯布-道格拉斯生产函数形式并不合适。周晶、王磊、金茜（2015）运用我国 1980 年 ~2011 年的 36 个工业大类行业数据，构建包含资本、能源、劳动力的三种嵌套形式的能源 CES 生产函数并进行了非线性估计。研究表明，多数行业的替代弹性不等于 1。这说明对于我国多数工业大类行业而言，柯布-道格拉斯生产函数并不合适。研究还表明，多数行业的规模报酬参数不等于 1。这说明，多数工业行业并没有体现规模报酬不变的特性。战岐林、曾小慧（2015）基于中国工业企业的微观数据并采用 CES 生产函数估算了 38 个产业的要素替代弹性，替代弹性范围在 0.402 至 0.614 之间，充分说明中国工业产业的生产函数形式不能采用里昂惕夫生产函数和柯布-道格拉斯生产函数。

二是通过对总量生产函数形式的估计来识别我国技术进步类型。高宇明、齐中英（2008）采用 1952 年 ~2005 年间中国宏观经济数据构建时变参数模型，并对我国总量生产函数进行了估算。研究表明，我国技术进步、资本和劳动的产出弹性三者之间相互影响，1978 年至 2005 年中国属于资本节约型技术进步。魏玮、何旭波（2014）运用 1980 年 ~2010 年间中国工业部门投入-产出的相关数据估算了中国工业部门能源 CES 生产函数。研究表明：中国工业部门能源 CES 生产函数中资本—能源替代弹性的估计值为 0.32，能源增强型技术进步率的估计值为 2%，资本增强型技术进步率的估计值为-4%，劳动增强型技术进步率的估计值为 6%。邓明（2017）基于嵌套 CES 生产函数估算了中国制造业行业技能劳动力、非技能劳动力和资本三种要素之间的要素替代弹性，研究表明：各行业技能劳动力与非技能劳动力的要素替代弹性均大于 1，资本对技能劳动力和非技能劳动力的要素替代弹性呈现异质性特征。

（三）数理模型设定

能源行业生产函数采用 CES 函数形式：

$$Y = A\left[\delta K^{-\rho} + (1-\delta)L^{-\rho}\right]^{-\frac{n}{\rho}} \tag{1}$$

（1）中 A 反映生产的技术水平，δ 为分配系数，反映产量中资本与劳动这两种生产要素的投入比例，满足 $0 < \delta < 1$。n 反映规模报酬状况，ρ 为替代参数，满足：$\rho \geq -1$。当 ρ 趋近于 0 时，该 CES 生产函数趋近于柯布-道格拉斯生产函数；当生产函数投入量同时扩大 λ 倍时，则：

$$A\left[\delta(\lambda K)^{-\rho} + (1-\delta)(\lambda L)^{-\rho}\right]^{-\frac{n}{\rho}} = \lambda^n\left\{A\left[\delta K^{-\rho} + (1-\delta)L^{-\rho}\right]^{-\frac{n}{\rho}}\right\} \tag{2}$$

由（2）知，当 $n = 1$，为规模报酬不变生产函数；当 $n > 1$，为递增规模报酬生产函数；当 $n < 1$，为递减规模报酬生产函数。

CES 生产函数替代弹性 σ，σ 满足：

$$\sigma = \frac{d\ln L/K}{d\ln|TRS|} = \frac{1}{1+\rho} \tag{3}$$

（3）中 TRS 为技术替代率，且 $TRS = \dfrac{dL}{dK} = -\dfrac{\frac{\partial Y}{\partial K}}{\frac{\partial Y}{\partial L}} = \left(\dfrac{-\delta}{1-\delta}\right) \times \left(\dfrac{K}{L}\right)^{-\rho-1}$。

对（1）两边取对数，可得：

$$\ln Y = \ln A - (n/\rho)\ln\left[\delta K^{-\rho} + (1-\delta)L^{-\rho}\right] \tag{4}$$

$\ln\left[\delta K^{-\rho} + (1-\delta)L^{-\rho}\right]$ 在 $\rho = 0$ 进行泰勒级数展开，取 0 阶、1 阶、2 阶项可得：

$$\ln\left[\delta K^{-\rho} + (1-\delta)L^{-\rho}\right] \approx \left[-\delta\ln K - (1-\delta)L\right]\rho + \frac{\delta(1-\delta)(\ln\frac{K}{L})^2\rho}{2} \tag{5}$$

联立（4）和（5）可得：

$$\ln Y = \ln A + \delta n\ln K + (1-\delta)n\ln L - \frac{1}{2}\rho n\delta(1-\delta)\left(\ln\frac{K}{L}\right)^2 \tag{6}$$

（四）要素替代弹性大小与典型的生产函数形式

情形 1：$\sigma = 0$ 时，为里昂惕夫生产函数形式，也就是劳动与资本的投入比例是固定的，即固定投入比例生产函数形式：

$$Y = A \times \min\{\delta K, (1-\delta)L\}$$

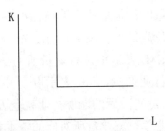

情形 2：$\sigma = 1$，为柯布-道格拉斯生产函数形式：

$$Y = A K^{\alpha} L^{\beta}$$

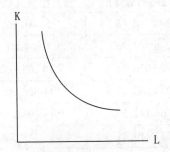

情形 3：$\sigma = +\infty$，为完全替代的线性生产函数形式，即劳动与资本的投入比例是完全替代的：

$$Y = A[\delta K + (1 - \delta)L]$$

（五）中国能源行业 CES 函数形式的计量模型研究设计

1. 数据来源与变量定义

作者采用中国 2003 年至 2015 年的时间序列数据进行分析。数据来自历年《中国统计年鉴》。表 1 中第 2 列、第 3 列、第 4 列分别为中国 2003 年至 2015 年能源行业产量、能源行业固定资产投资、能源行业就业人口的相关数据。能源行业产量的计量单位为万吨标准煤,用 Y 表示;能源行业资本形成总额的计量单位为亿元,用 K 表示;能源行业就业人口的计量单位为万人,用 L 表示。K/L 表示单位就业量所对应的资本投入量。lnY 表示取自然对数后的能源行业产量;lnK 表示取自然对数后的能源行业资本形成总额;lnL 表示取自然对数后的能源行业就业人口量;ln(K/L)表示取自然对数后的能源行业单位就业量所对应的资本投入量。

表1　2003 年至 2015 年中国国内生产总值、资本形成总额、就业人口相关数据

年份	能源行业产量 (万吨标准煤)	能源行业固定 资产投资 (亿元)	能源行业就业 人口 (万人)
2003	178 298.78	5 508.36	488.3
2004	206 107.73	7 504.80	500.7
2005	229 036.72	10 205.63	509.2
2006	244 762.87	11 826.30	529.7
2007	264 172.55	13 698.62	535.0
2008	277 419.41	16 345.54	540.4
2009	286 092.22	19 477.95	553.7
2010	312 124.75	21 627.10	562.0
2011	340 177.51	23 045.59	611.6
2012	351 040.75	25 499.80	631.0
2013	358 783.76	29 009.00	636.5
2014	361 866.00	31 514.89	596.5
2015	361 476.00	32 562.13	545.8

注:能源行业的资本形成总额采用能源行业固定资产投资数据替代,能源行业就业人口数据采用采矿业城镇单位就业人员数据替代。

2. 计量模型回归方程的设定

结合公式(6),本章将计量模型回归方程设定为:

$$\ln Yt = a_1 + a_2 \ln Kt + a_3 \ln Lt + a_4 \left(\ln \frac{Kt}{Lt} \right)^2 + \varepsilon_t \qquad (7)$$

公式（7）中 t 为年份，$a_1 = \ln A$，$a_2 = \delta n$，$a_3 = (1 - \delta)n$，$a_4 = -\frac{1}{2}\rho n\delta(1 - \delta)$，$\varepsilon_1$ 为随机扰动项。

3. 计量模型回归结果报告

计量回归方程（7）的回归结果如表 2 所示。

表 2　回归方程系数大小

解释变量	解释变量的回归系数	回归系数的估计
$\ln Kt$	a_2	0. 383 546** (2. 248 982)
$\ln Lt$	a_3	0. 407 027* (1. 746 225)
$(\ln \frac{Kt}{Lt})^2$	a_4	-0. 004 339* (-0. 171 041)
常数项	a_1	6. 302 784*** (9. 289 249)

注：回归方程的拟合度为 0. 998 828。*** 表示通过 1% 的统计性水平检验，** 表示通过 5% 的显著性水平检验，* 表示通过 10% 的显著性水平检验。括号内的值为 t 统计量。

表 2 中，a_2 的值为 0. 383 546，且通过 5% 的显著性水平检验；a_3 的值为 0. 407 027，且通过 10% 的显著性水平检验；a_4 的值为 -0. 004 339，且通过 10% 的显著性水平检验；常数项 a_1 的值为 6. 302 784，且通过 1% 的显著性水平检验。则回归方程为：

$$\ln Yt = 6.302\,784 + 0.383\,546\ln Kt + 0.407\,027\ln Lt - 0.004\,339\left(\ln \frac{Kt}{Lt}\right)^2 + \varepsilon_1$$

(8)

根据 $a_1 = \ln A = 6.302\,784$，$a_2 = \delta n = 0.383\,546$，$a_3 = (1-\delta)n = 0.407\,027$，$a_4 = -\frac{1}{2}\rho n\delta(1-\delta) = -0.004\,339$，可计算出各参数的值。表 3 为各参数值的大小。

表3 各参数值的大小

参数	参数的值
A	546.090 1
δ	0.485 149 38
ρ	0.043 946 18
n	0.790 573
σ	0.957 903 79

将各参数的值代入（1），可得到中国 CES 生产函数的形式为：

$$Y = 546.090\ 1\ (0.485\ 149\ 38\ K^{-0.043\ 946\ 18} + 0.514\ 850\ 62\ L^{-0.043\ 946\ 18})^{-17.989\ 572\ 7}$$

$$(9)$$

表3中，n = 0.790 573，即 n 的值小于1。这说明中国 CES 生产函数是呈现规模报酬递减特性的。

表3中，ρ = 0.043 946 18，σ = 0.957 903 79，即 ρ 接近于0，σ 接近于1，也就是中国能源行业 CES 生产函数的要素替代弹性的大小接近于1。这说明中国能源行业生产函数形式可以近似采用柯布–道格拉斯生产函数形式。

第二节 俄罗斯能源行业 CES 生产函数估计

俄罗斯是世界上具有重要影响力的能源生产大国，对俄罗斯能源行业的生产函数形式进行论证，具有重要的现实和理论意义。

俄罗斯能源行业 CES 函数形式的计量模型研究设计

1. 数据来源与变量定义

本章采用俄罗斯 2010 年至 2015 年的时间序列数据进行分析。相关数据来源于历年《国际统计年鉴》和俄罗斯联邦统计中心官方网站数据。表4 中第 2 列、第 3 列、第 4 列分别为俄罗斯 2010 年至 2015 年能源行业产量、能源行业固定资产投资总额、能源行业就业人口的相关数据。能源行业产量的计量单位为万吨标准油，用 Y 表示；能源行业资本形成总额的计量单位为 10 亿卢布，用 K 表示；能源行业就业人口的计量单位为万人，用 L 表示。K/L 表示俄罗斯能源行业单位就业量所对应的资本投入量。lnY

表示取自然对数后的俄罗斯能源行业产量；lnK 表示取自然对数后的俄罗斯能源行业资本形成总额；lnL 表示取自然对数后的俄罗斯能源行业就业人口量；ln（K/L）表示取自然对数后的俄罗斯能源行业单位就业量所对应的资本投入量。

表 4　2010 年至 2015 年俄罗斯源能行业产量、固定资产投资总额、就业人口相关数据

年份	能源行业产量 （单位：万吨标 准油）	能源行业固定资产 投资总额 （单位：10 亿卢布）	能源行业就业 人口（万人）
2010	129 305	1 264	142.2
2011	131 488	1 561.2	144.6
2012	133 161	1 858.4	145.1
2013	134 021	2 004	154.1
2014	130 568	2 144.8	152.6
2015	131 946	2 385.2	150.5

注：表 4 俄罗斯能源行业相关数据主要基于俄罗斯采掘业的相关数据。能源行业产量数据和能源行业就业人口数据来源于《国际统计年鉴》；能源行业固定资产投资总额数据来源于俄罗斯联邦统计中心官方网站数据。

2. 计量模型回归方程的设定

结合第一节中的公式（6），本章将计量模型回归方程设定为：

$$\ln Yt = a_1 + a_2 \ln Kt + a_3 \ln Lt + a_4 \left(\ln \frac{Kt}{Lt} \right)^2 + \varepsilon_t$$

其中，$a_1 = \ln A$，$a_2 = \delta n$，$a_3 = (1 - \delta)n$，$a_4 = -\frac{1}{2}\rho n \delta(1 - \delta)$，$\varepsilon_t$ 为随机扰动项。

3. 计量模型回归结果报告

对表 4 中的数据先进行归一化处理，然后对归一化处理后的数据取自然对数，最后根据方程（7）进行回归分析。相关数据如表 5 所示。所谓归一化处理，是指对每一列原始数据中的每一个数据除以该列所有数据的平均值。对数据进行归一化处理有利于消除各种变量的计量单位的不一致给回归带来的负面影响。表5是对表4中的原始数据归一化处理后的结果。

表5　经过归一化处理后的俄罗斯能源行业产量、
资本形成总额、就业人口相关数据

年份	能源行业产量数据	能源行业固定资产投资数据	能源行业就业人口数据
2010	0. 981 456	0. 676 08	0. 959 622
2011	0. 998 025	0. 835 045	0. 975 818
2012	1. 010 723	0. 994 009	0. 979 193
2013	1. 017 251	1. 071 887	1. 039 928
2014	0. 991 042	1. 147 197	1. 029 806
2015	1. 001 501	1. 275 781	1. 015 634

对表5中的数据进行回归分析，回归结果如表6所示。

表6　回归方程系数大小

解释变量	解释变量的回归系数	回归系数的估计
常数项	a_1	0. 006 986
$\ln Kt$	a_2	0. 004 357
$\ln Lt$	a_3	0. 004 7
$(\ln \dfrac{Kt}{Lt})^2$	a_4	−0. 197 294

表6显示出，常数项 a_1 的值为0. 006 986，a_2 的值为0. 004 357，a_3 的值为0. 004 7，a_4 的值为−0. 197 294，则回归方程为：

$$\ln Yt = 0.006\ 986 + 0.004\ 357\ln Kt + 0.004\ 7\ln Lt - 0.197\ 294(\ln \frac{Kt}{Lt})^2 + \varepsilon_t$$

根据 $a_1 = \ln A = 0.006\ 986$，$a_2 = \delta n = 0.004\ 357$，$a_3 = (1-\delta)n = 0.004\ 7$，$a_4 = -\dfrac{1}{2}\rho n\delta(1-\delta) = -0.197\ 294$，可计算出各参数的值。表7为各参数值的大小。

表7　各参数值的大小

参数	参数的值
A	1. 007 01
δ	0. 481 064
ρ	174. 519 2
n	0. 009 057
σ	0. 005 697

将各参数的值带入（1），可得到俄罗斯 CES 生产函数的形式为：

$$Y = 1.007\ 01\ (0.481\ 064\ K^{-174.519\ 2} + 0.518\ 936\ L^{-174.519\ 2})^{-0.000\ 051\ 896}$$

表7 中，$n = 0.009\ 057$，即 n 的值远小于 1。这说明俄罗斯 CES 生产函数是呈现规模报酬递减特性的。$\rho = 174.519\ 2$，$\sigma = 0.005\ 697$，即 ρ 远大于 1，σ 接近于 0，这说明俄罗斯能源行业 CES 生产函数基本上符合里昂惕夫生产函数形式。又由于 $A = 1.007\ 01$，即 A 约等于 1，这说明俄罗斯能源行业的生产无明显技术进步特征。$\delta = 0.481\ 064$，接近于 0.5，这说明俄罗斯能源行业生产中资本与劳动的投入比例约为 1∶1。

第三节　哈萨克斯坦、印度、巴基斯坦能源生产 CES 函数形式

采用同样的方法，可以得到哈萨克斯坦、印度、巴基斯坦能源生产 CES 函数形式。

1. 哈萨克斯坦能源行业 CES 生产函数的形式为：

$$Y = 0.99\ 918\ (0.426\ 78\ K^{15.638\ 7} + 0.573\ 22\ L^{15.638\ 7})^{0.014\ 267}$$

2. 印度能源行业 CES 生产函数的形式为：

$$Y = 1.002\ 886\ (-1.791\ 042\ K^{-4.996\ 769} + 2.791\ 042\ L^{-4.996\ 769})^{0.004\ 567}$$

3. 巴基斯坦能源行业 CES 生产函数的形式为：

$$Y = 0.992\ 076\ (-1.352\ 9\ K^{1.353\ 7} + 2.352\ 9\ L^{1.353\ 7})^{-0.4}$$

第四节　本章小结

笔者采用 CES（不变要素替代弹性）生产函数对中国能源行业总量生

产函数形式进行了估计。本章采用 2003 年至 2015 年中国能源行业数据进行实证分析，研究结果表明：中国能源行业 CES 生产函数呈现规模报酬递减特性，中国能源行业 CES 生产函数的要素替代弹性接近于 1。中国能源行业总量生产函数形式基本上符合规模报酬递减的柯布-道格拉斯生产函数形式。

笔者采用 CES 生产函数对俄罗斯能源行业总量生产函数形式进行了估计。本章采用 2010 年至 2015 年俄罗斯能源行业数据进行实证分析，研究结果表明：俄罗斯能源行业 CES 生产函数呈现规模报酬递减特性，俄罗斯能源行业 CES 生产函数的要素替代弹性接近于 0。俄罗斯能源行业总量生产函数形式基本上符合规模报酬递减的里昂惕夫生产函数形式。俄罗斯能源行业生产无明显技术进步特征。俄罗斯能源行业中资本与劳动的投入比例约为 1 : 1。

哈萨克斯坦能源 CES 生产函数中 n = 0.223 12，即 n 的值远小于 1。这说明哈萨克斯坦 CES 生产函数是呈现规模报酬递减特性的。σ = − 0.068 31，即 σ 接近于 0，这说明哈萨克斯坦能源行业 CES 生产函数基本上符合里昂惕夫生产函数形式。又由于 A = 0.999 18，即 A 约等于 1。这说明哈萨克斯坦能源行业的生产无明显技术进步特征。δ = 0.426 78，这说明哈萨克斯坦能源行业生产中资本投入量略微小于劳动投入量。

印度能源 CES 生产函数中 n = −0.022 818，即 n 的值远小于 1，这说明印度能源行业 CES 生产函数是呈现规模报酬递减特性的。σ = 0.166 756，即 σ 要略大于 0，但要小于 1，这说明印度能源行业 CES 生产函数中资本与劳动有一定替代性，但替代性并不强烈。印度能源行业 CES 生产函数既不符合里昂惕夫生产函数形式，也不符合柯布-道格拉斯生产函数形式。又由于 A = 1.002 886，即 A 约等于 1。这说明印度能源行业的生产无明显技术进步特征。

巴基斯坦能源 CES 生产函数中 n = −0.541 6，即 n 的值远小于 1，这说明巴基斯坦能源行业 CES 生产函数是呈现规模报酬递减特性的。又由于 A = 0.992 076，即 A 约等于 1。这说明巴基斯坦能源行业的生产无明显技术进步特征。

能源技术进步对上海合作组织能源 经济系统的动态影响研究

第一节 引言

经济波动问题是学术界研究的一个重大理论问题，也是现阶段学术界研究的一个热点问题。防止各种外生冲击造成我国经济剧烈波动，以促进我国经济平稳发展，是我国面临的重大现实难题。

动态随机一般均衡（DSGE）模型为经济波动问题的研究提供了统一的分析框架，动态随机一般均衡（DSGE）模型是研究宏观经济波动的最重要模型之一。DSGE 模型的基本框架来源于真实经济周期（RBC）模型。DSGE 模型是对实际经济周期模型（RBC）模型的进一步发展和完善。

目前，DSGE 模型受到国内外学者的广泛青睐。国内外学者运用动态随机一般均衡（DSGE）模型对经济波动问题进行了大量的理论及实证研究。相关研究内容主要分为两类，一类是构建 DSGE 模型从非技术冲击角度研究经济波动问题，另一类是构建 DSGE 模型从技术冲击角度研究经济波动问题。

构建 DSGE 模型从非技术冲击角度研究经济波动问题的国内外文献回顾。Yaprak Tavman（2015）运用 DSGE 模型对美国经济波动问题进行了研究，研究表明：稳健的宏观经济政策有利于降低各种外生冲击对经济波动的负面影响。Iacoviello（2005）将房地产的抵押贷款约束引入 DSGE 模型，研究表明：房地产的抵押贷款约束会扩大宏观经济的波动。李春吉、孟晓宏（2006）运用 DSGE 模型研究中国宏观经济波动问题，研究表明：名义货币供给量冲击能够对经济产生明显波动，但不能对经济波动产生持久性的影响，而消费偏好冲击和技术冲击可以对经济波动产生持久性影响。庄子罐、崔小勇、龚六堂、邹恒甫（2012）运用 DSGE 模型研究了我国的经济波动，结果显示：预期冲击是改革开放以来中国经济周期波动最主要的驱动力，预期冲击可以解释超过三分之二的经济总量波动。黄赜琳、朱保华（2015）运用实际经济周期模型分析了财政税收政策对中国经济波动的影响，研究表明：财政收支冲击能够解释中国 70% 以上的经济波动，而税收冲击对中国经济波动的影响不显著，政府支出冲击加剧中国实体经济波动。

构建 DSGE 模型从技术冲击角度研究经济波动问题的国内外文献回顾。Kydland 和 Prescott（1991）运用 DSGE 模型研究经济波动问题，研究表明技术冲击能够解释经济波动的 70%。陈昆亭、龚六堂、邹恒甫（2004）采用消费与休闲可分的对数效用形式，在外生技术冲击和政府需求冲击条件下构建 DSGE 模型对中国经济波动问题进行了模拟，该模型可解释中国经济 80% 以上的波动。何彦清、吴信如（2016）构建 DSGE 模型分析了负向技术冲击对中国经济波动的影响。研究表明：在当时数量型货币政策规则下，负向技术冲击导致国内通货膨胀率增加、实际货币余额减少、国内利率增加、消费下降、产出下降。王宪勇、韩煦（2009）运用 DSGE 模型研究了技术冲击和货币冲击对中国经济波动的影响，研究结果表明：产出、就业、通胀的波动与真实经济非常接近。

上述文献主要采用 DSGE 模型分析了不同经济变量冲击对经济波动的影响，很好地解释了经济波动现象。本章主要采用 DSGE 模型分析能源随机技术冲击对上海合作组织能源经济系统的影响。不同于上述文献的是，作者在考虑家庭预算约束的前提条件下构建 DSGE 模型，分析能源随机技术冲击对上海合作组织能源经济系统的影响，这是本书的一个创新。

第二节　DSGE 模型构建

1. 家庭部门

经济体由家庭构成，每个家庭都是同质的。经济体是 1 单位，由从 0 到 1 的所有点构成，每一个家庭是其中的一个点，每一个家庭以 i 表示。

每一个家庭 i 的效用函数形式为：

$$U(c_t^i) = lnc_t^i - \frac{(h_t^i)^{1-\varphi}}{1-\varphi} \tag{1}$$

c_t^i 表示每一个家庭 i 在第 t 期的能源消费，h_t^i 表示每一个家庭 i 在能源行业第 t 期的劳动，φ 表示弗里希劳动跨期替代弹性的倒数，反映家庭劳动供给的跨期替代弹性。

2. 生产部门

能源行业所对应的总量生产函数为包含随机技术的柯布-道格拉斯生产函数，

$$Y_t = \lambda_t K_t^\theta H_t^{1-\theta} \tag{2}$$

Y_t 为上海合作组织能源行业在 t 期的总产出，λ_t 为上海合作组织能源随机技术变量，K_t 为上海合作组织能源行业在 t 期的总资本，H_t 为上海合作组织能源行业在 t 期的总劳动。θ 为上海合作组织能源行业的总资本收入占总产出的比重，$1-\theta$ 为上海合作组织能源行业的总劳动收入占总产出的比重。

上海合作组织能源随机技术变量所对应的方程：

$$\ln(\lambda_{t+1}) = \gamma\ln(\lambda_t) + \varepsilon_{t+1} \tag{3}$$

其中，$0<\gamma<1$。

ε_{t+1} 为随机技术冲击变量，服从独立同分布、正值、有上界，且其均值为 $1-\gamma$。

由于上海合作组织能源行业是完全竞争的，则上海合作组织能源行业在 t 期的工资和利率分别为：

$$w_t = (1-\theta)\lambda_t K_t^\theta H_t^{-\theta} \tag{4}$$

$$r_t = \theta\lambda_t K_t^{\theta-1} H_t^{1-\theta} \tag{5}$$

由于经济体是 1 单位，每一个家庭是 0 到 1 区间内的　个点，则：

$$H_t = \int_0^1 h_t^i di = h_t^i \tag{6}$$

$$K_t = \int_0^1 k_t^i di = k_t^i \tag{7}$$

3. 家庭面临的约束条件

每一个家庭在当期的能源消费支出来自每一个家庭在上期的货币量。

每一个家庭所对应约束条件为：

$$P_t c_t^i \leq m_{t-1}^i \qquad (8)$$

（8）中 m_{t-1}^i 表示每一个家庭 i 在 t-1 期拥有的货币量，P_t 为商品价格。

每一个家庭面临的流量预算约束为：

$$c_t^i + k_{t+1}^i + \frac{m_t^i}{P_t} = w_t h_t^i + r_t k_t^i + (1-\delta) k_t^i + \frac{m_{t-1}^i}{P_t} \qquad (9)$$

4. DSGE 模型的均衡条件

4.1 家庭部门决策的一阶条件

家庭部门所对应的拉格朗日函数为：

$$L = \max E_0 \sum_{t=0}^{\infty} \beta^t \left\{ \left[lnc_t^i - \frac{(h_t^i)^{1-\varphi}}{1-\varphi} \right] + \mathcal{X}_t^1 (P_t c_t^i - m_{t-1}^i) + \mathcal{X}_t^2 \left[k_{t+1}^i + \frac{m_t^i}{P_t} - (1-\delta) k_t^i - w_t h_t^i - r_t k_t^i \right] \right\}$$

由 $\dfrac{\partial L}{\partial c_t^i} = 0$ 可得：$\mathcal{X}_t^1 = -\dfrac{1}{P_t c_t^i}$ $\qquad (10)$

由 $\dfrac{\partial L}{\partial h_t^i} = 0$ 可得：$\mathcal{X}_t^2 = -\dfrac{(h_t^i)^{\varphi}}{w_t}$ $\qquad (11)$

由 $\dfrac{\partial L}{\partial k_{t+1}^i} = 0$ 可得：$\dfrac{(h_t^i)^{\varphi}}{w_t} = \beta E_t \left[\dfrac{(h_{t+1}^i)^{\varphi}}{w_{t+1}} \right] [(1-\delta) + r_{t+1}]$ $\quad (12)$

由 $\dfrac{\partial L}{\partial m_t^i} = 0$ 可得：$\beta E_t \dfrac{1}{p_{t+1} c_{t+1}^i} = \dfrac{(h_t^i)^{\varphi}}{w_t p_t}$ $\qquad (13)$

4.2 模型所对应的方程

由（12）、（13）、（8）、（9）、（4）、（5）、（3）可知，模型所对应的方程为：

$$\frac{(h_t^i)^{\varphi}}{w_t} = \beta E_t \left[\frac{(h_{t+1}^i)^{\varphi}}{w_{t+1}} \right] [(1-\delta) + r_{t+1}]$$

$$\beta E_t \frac{1}{p_{t+1} c_{t+1}^i} = \frac{(h_t^i)^{\varphi}}{w_t p_t}$$

$$P_t c_t^i = m_{t-1}^i$$

$$c_t^i + k_{t+1}^i + \frac{m_t^i}{P_t} = w_t h_t^i + r_t k_t^i + (1-\delta) k_t^i + \frac{m_{t-1}^i}{P_t}$$

$$w_t = (1 - \theta) \, \lambda_t K_t^{\theta} H_t^{-\theta}$$

$$r_t = \theta \lambda_t K_t^{\theta-1} H_t^{1-\theta}$$

$$\ln(\lambda_{t+1}) = \gamma \ln(\lambda_t) + \varepsilon_{t+1}$$

5. DSGE 模型的对数线性化及矩阵化处理

5.1. 对数线性化处理

上述方程均为 DSGE 模型非线性方程，为便于求解，需要将方程进行对数线性化处理。本章中，"$\tilde{x}_t$" 表示变量 x_t 对均衡值的对数偏离，"$\bar{x}_t$" 表示变量 x_t 在稳态时的值。

结合（6）、（7），将模型所对应的方程进行对数线性化处理，可得：

$$\varphi \tilde{H}_t - \varphi \tilde{H}_{t+1} = \tilde{w}_t - \tilde{w}_{t+1} + \beta E_t \tilde{r}_{t+1} \tag{14}$$

$$\frac{\beta \bar{w}}{\bar{C} \, (\bar{h})^{\varphi}} = 1 - \tilde{p}_t - \tilde{w}_t + \varphi \tilde{H}_t \tag{15}$$

$$\tilde{p}_t + \tilde{c}_t = 0 \tag{16}$$

$$\bar{w} \, \tilde{w}_t = (1 - \theta) \, \bar{K}^{\theta} \, \bar{H}^{-\theta} [\, \tilde{\lambda}_t + \theta(\tilde{K}_t - \tilde{H}_t) \,] \tag{17}$$

$$\bar{r} \, \tilde{r}_t = \theta \, \bar{K}^{\theta-1} \, \bar{H}^{1-\theta} [\, \tilde{\lambda}_t + (\theta - 1)(\tilde{K}_t - \tilde{H}_t) \,] \tag{18}$$

$$\tilde{\lambda}_{t+1} = \gamma \, \tilde{\lambda}_t + \varepsilon_{t+1}^{\lambda} \tag{19}$$

5.2 矩阵化处理

$$0 = A x_t + B x_{t-1} + C y_t + D z_t \tag{20}$$

$$0 = E_t [\, F x_{t+1} + G x_t + H x_{t-1} + J y_{t+1} + K y_t + L z_{t+1} + M z_t \,] \tag{21}$$

$$z_{t+1} = N z_t + \varepsilon_{t+1} \tag{22}$$

其中，$x_t = [\tilde{K}_{t+1}]'$；$y_t = [\tilde{r}_t, \ \tilde{w}_t, \ \tilde{H}_t, \ \tilde{p}_t]'$；$z_t = [\tilde{\lambda}_t]'$

$$A = \begin{bmatrix} \bar{K} \\ 0 \\ 0 \\ 0 \end{bmatrix}, \quad B = \begin{bmatrix} -(\bar{r} + 1 - \delta)\bar{K} \\ (1 - \theta) \\ -\theta \\ 0 \end{bmatrix}, \quad C = \begin{bmatrix} -\bar{r}\bar{K} & -\bar{w}\bar{h} & -\bar{w}\bar{h} & -\dfrac{1}{\bar{p}} \\ 1 & 0 & \theta - 1 & 0 \\ 0 & 1 & \theta & 0 \\ 0 & 1 & -\varphi & 1 \end{bmatrix}$$

$$D = \begin{bmatrix} 0 \\ -1 \\ -1 \\ 0 \end{bmatrix}, F = [0], G = [0], H = [0], J = [\beta \quad -1 \quad \varphi \quad 0]$$

$$K = [0 \quad 1 \quad -\varphi \quad 0], L = [0], M = [0], N = [\gamma]$$

$$x_t = P x_{t-1} + Q Z_t \tag{23}$$

$$y_t = R x_{t-1} + S Z_t \tag{24}$$

本章 DSGE 模型的解是（23）、（24）中的一组矩阵 P、Q、R、S。

第三节　DSGE 模型的参数校准与各变量的动态方程

（一）稳态时各变量的值

稳态时满足：$\bar{K} = K_t = K_{t+1}$；$\bar{H} = H_t = H_{t+1}$；$\bar{C} = C_t = C_{t+1}$；$\bar{w} = w_t = w_{t+1}$；$\bar{r} = r_t = r_{t+1}$

由（12）可得：$\dfrac{1}{\beta} = (1 - \delta) + \bar{r}$

由（13）可得：$\beta = \dfrac{\bar{C}}{\bar{W}} (\bar{H})^{\varphi}$

由（4）可得：$\bar{w} = (1 - \theta) (\dfrac{\bar{r}}{\theta})^{\frac{\theta}{\theta-1}}$

由（5）可得：$\bar{r} = \theta (\dfrac{\bar{K}}{\bar{H}})^{\theta-1}$

稳态时，$\bar{Y} = \bar{C} + \delta \bar{K}$

（二）参数赋值与各变量稳态时的值

本章主要运用 DSGE 模型研究中国能源行业波动问题。因此，本章基于中国能源行业的实际情况，给各参数赋值。作者在给 DSGE 模型参数赋值时，也参考了其他学者运用 DSGE 模型时对各参数的取值。

本章中相关参数的值分别为：

$$\beta = 0.99, \delta = 0.025, \bar{H} = \frac{1}{3}, \varphi = 1.97。$$

根据相关参数的值，可计算出本章中各变量稳态时的值。分别为：

$$\bar{r} = 0.035\ 1, \bar{w} = 2.370\ 6, \bar{K} = 12.673\ 0, \bar{C} = 20.443\ 3, \bar{Y} = 20.760\ 1。$$

（三）矩阵赋值

根据各参数的值和各变量稳态时的值，可得各矩阵的表达式为：

$$A = \begin{bmatrix} 12.673\ 0 \\ 0 \\ 0 \\ 0 \end{bmatrix}; C = \begin{bmatrix} -0.444\ 8 & -0.790\ 2 & -0.790\ 2 & -20.443\ 3 \\ 1 & 0 & -0.64 & 0 \\ 0 & 1 & 0.36 & 0 \\ 0 & 1 & -1.97 & 1 \end{bmatrix}$$

$$D = \begin{bmatrix} 0 \\ -1 \\ -1 \\ 0 \end{bmatrix}; F = [0]; G = [0]; H = [0]; J = [0.99 \quad -1 \quad 1.97 \quad 0];$$

$$K = [0 \quad 1 \quad -1.97 \quad 0]; L = [0]; M = [0]; N = [0.95]$$

解得：

$$P = 0.370\ 8$$

$$R = \begin{bmatrix} -0.644\ 4 \\ 0.362\ 5 \\ -0.006\ 9 \\ -0.376\ 0 \end{bmatrix}$$

$$Q = 0.951\ 6$$

$$S = \begin{bmatrix} 1.413\ 3 \\ 0.767\ 5 \\ 0.645\ 7 \\ 0.504\ 5 \end{bmatrix}$$

（四）各变量的动态方程

根据（23）、（24）及 P、R、Q、S 的取值，可得各变量的动态方程为：

$$\tilde{K}_{t+1} = 0.370\ 8\ \tilde{K}_t + 0.951\ 6\ \tilde{\lambda}_t$$

$$\tilde{r}_t = -0.644\ 4\ \tilde{K}_t + 1.413\ 3\ \tilde{\lambda}_t$$

$$\tilde{w}_t = 0.362\ 5\ \tilde{K}_t + 0.767\ 5\ \tilde{\lambda}_t$$

$$\tilde{H}_t = -0.006\ 9\ \tilde{K}_t + 0.645\ 7\ \tilde{\lambda}_t$$

$$\tilde{p}_t = -0.376\ 0\ \tilde{K}_t + 0.504\ 5\ \tilde{\lambda}_t$$

$$\tilde{\lambda}_t = 0.95\ \tilde{\lambda}_{t-1} + \varepsilon_t$$

由（2）、（4）可得：$Y_t = \dfrac{w_t H_t}{(1-\theta)}$，则：$\tilde{Y}_t = \tilde{w}_t + \tilde{H}_t$。结合上述动态方程可得：

$$\tilde{Y}_t = 0.355\ 6\ \tilde{K}_t + 1.413\ 2\ \tilde{\lambda}_t$$

第四节　存在家庭预算约束时的能源随机技术冲击的脉冲响应分析

令 $\varepsilon_t = 0.01$，即能源随机技术冲击大小为 1%。根据各变量的动态方程，在能源行业受到 1% 大小的随机技术冲击时，各变量的脉冲响应分析如图 1 所示。

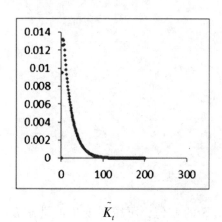

$\tilde{K}_t$

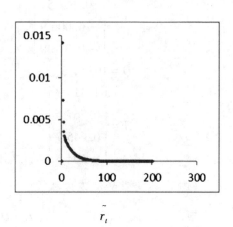

$\tilde{r}_t$

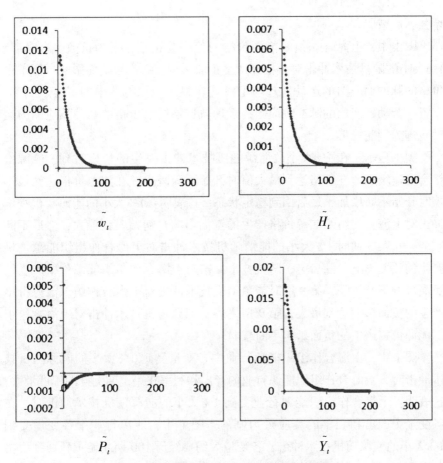

图1　各变量对随机技术冲击的脉冲响应图

图1为上海合作组织能源行业中各变量受到1%大小的能源随机技术冲击后的脉冲响应图。图1中，资本、利率、工资、劳动、产出的值始终大于0。这表明：1%大小的能源随机技术冲击对上海合作组织能源行业中的资本、利率、工资、劳动、产出始终产生正面影响。

图1中资本、利率、工资、劳动、产出的脉冲响应图的运动轨迹具有相似性，均为驼峰形状。图1显示：在1%大小的能源随机技术冲击发生的初始时刻，资本、利率、工资、劳动、产出会迅速增加，然后开始减少，最后回到稳定状态。这表明：1%大小的能源随机技术冲击对上海合作组织能源行业中的资本、利率、工资、劳动、产出始终产生的正面影响先

增强、后减弱。

图 1 中，上海合作组织能源价格的值先为正数，后为负数。这表明：1%大小的随机技术冲击对价格先产生正面影响，后产生负面影响。图 1 中价格的脉冲响应图的运动轨迹与上海合作组织能源行业中的资本、利率、工资、劳动、产出的脉冲响应图的运动轨迹不同。价格的脉冲响应图的运动轨迹为倒驼峰形。

图 1 显示：在 1%大小的能源随机技术冲击发生的初始时刻，能源价格会迅速增加，在价格达到最大值时开始不断减少，在能源价格达到最小值时开始不断增加，最后回到稳定状态。这表明：1%大小的能源随机技术冲击对上海合作组织能源价格产生的正面影响在初始时刻最大，然后不断减弱，在第 3 期时 1%大小的能源随机技术冲击对上海合作组织能源价格产生的负面影响，随后能源随机技术冲击对上海合作组织能源价格产生的负面影响不断增强，第 9 期时能源随机技术冲击对上海合作组织能源价格产生的负面影响达到最大，第 9 期之后，能源随机技术冲击对上海合作组织能源价格产生的负面影响不断减弱。

图 1 中，上海合作组织能源行业中各变量受到 1%大小的能源随机技术冲击时，上海合作组织能源行业的产出和利率在第 1 期上升的幅度最大，这表明：上海合作组织能源行业受到 1%大小的能源随机技术冲击时，在各变量中产出和利率的反应最为剧烈。图 1 中，能源行业中各变量受到 1%大小的能源随机技术冲击，各变量大约要经历 100 期才能重新回到稳定状态。这表明：能源随机技术冲击对上海合作组织能源行业各变量的影响具有持续性。

第五节　本章小结

作者构建 DSGE 模型分析了存在家庭预算约束时的能源随机技术冲击对能源行业经济波动的影响。研究得到以下结论：

1. 1%大小的能源随机技术冲击对上海合作组织能源行业中资本、利率、工资、劳动、产出始终产生正面影响；1%大小的能源随机技术冲击对上海合作组织能源行业中资本、利率、工资、劳动、产出产生的正面影响先增强、后减弱。

2. 1%大小的能源随机技术冲击对上海合作组织能源价格先产生正面影响，后产生负面影响。1%大小的能源随机技术冲击对上海合作组织能源价格产生的正面影响在初始时刻最大，然后不断减弱，在第 3 期时 1%大小的能源随机技术冲击对上海合作组织能源价格开始产生负面影响，在第 3 期之后能源随机技术冲击对上海合作组织能源价格产生的负面影响不断增强，在第 9 期时能源随机技术冲击对上海合作组织能源价格产生的负面影响达到最大，第 9 期之后，能源随机技术冲击对上海合作组织能源价格产生的负面影响不断减弱。

3. 上海合作组织能源行业在受到 1%大小的能源随机技术冲击时，各变量中产出和利率在初始时刻的反应最为剧烈；1%大小的随机技术冲击对上海合作组织能源行业各变量的影响具有持续性。

能源价格冲击对上海合作组织能源经济
系统的动态影响分析

第一节　DSGE 模型的构建

本模型研究的对象是上海合作组织成员国中的能源生产国，本模型中的能源行业是指能源生产国的能源行业。

（一）函数设定形式

1. 上海合作组织成员国中的能源生产国的能源行业中代表性消费者个体采用函数设定形式

代表性个体采用 CES 效用函数形式：

$$\sum_{t=0}^{\infty} \beta^t \left[\frac{C_t^{1-\eta}}{1-\eta} - \frac{H_t^{1-\varphi}}{1-\varphi} \right] \tag{1}$$

其中，C_t 是上海合作组织成员国中的能源生产国的能源行业在时期 t 的消费总量，H_t 是时期 t 的能源行业劳动总量，β 是贴现率，η 是相对风险回避系数，$-\varphi$ 是劳动供给弹性的倒数。

2. 上海合作组织成员国中的能源生产国的能源行业中厂商生产函数设定形式

考虑能源价格冲击对能源生产量的影响，本章设定能源生产函数为包含随机能源价格冲击柯布-道格拉斯生产函数形式：

$$f(p_t, K_t, H_t) = p_t K_t^{\theta} H_t^{1-\theta} \tag{2}$$

p_t 为能源价格变量，K_t 为能源行业的资本总量，θ 为能源行业的资本产出弹性。

3. 能源价格变量设定

本章设定随机能源价格变量服从自回归过程，随机能源价格变量 p_t 服从如下随机过程：

$$p_{t+1} = p\,\lambda_t + \varepsilon_{t+1} \tag{3}$$

4. 上海合作组织成员国中的能源生产国的能源行业资本总量方程形式

能源行业资本总量 K_t 为如下形式：

$$K_{t+1} = (1 - \delta)\,K_t + I_t \tag{4}$$

其中，δ 为折旧率，I_t 为 t 时的能源行业投资总量。

（二）约束性条件

1. 可行性约束

可行性约束条件为：

$$f(\lambda_t,\ K_t,\ H_t) = C_t + I_t \tag{5}$$

C_t 为 t 时的消费总量。

2. 能源要素市场约束

能源要素市场是完全竞争的，则上海合作组织成员国中的能源生产国的能源行业中的利率和工资的表达式分别为：

$$r_t = \theta\,p_t\,K_t^{\theta-1}\,H_t^{1-\theta} \tag{6}$$

$$w_t = (1 - \theta)\,p_t\,K_t^{\theta}\,H_t^{-\theta} \tag{7}$$

（三）DSGE 模型所对应的方程

1. DSGE 模型所对应的方程分别为：

$$\left(\frac{1}{c_t}\right)^{\eta} = \beta\,E_t\left(\frac{1}{c_{t+1}}\right)^{\eta}\left[r_{t+1} + (1 - \delta)\right] \tag{8}$$

$$(c_t)^{-\eta}\,w_t = (H_t)^{-\varphi} \tag{9}$$

$$C_t = Y_t + (1 - \delta)\,K_t - K_{t+1} \tag{10}$$

$$Y_t = p_t\,K_t^{\theta}\,H_t^{1-\theta} \tag{11}$$

$$r_t = \theta\,\frac{Y_t}{K_t} \tag{12}$$

2. DSGE 模型方程对数线性化处理

定义：$\tilde{C}_t = \ln C_t - \ln\bar{C}$，其中 $\tilde{C}_t$ 表示初始变量 C_t 对均衡值 $\bar{C}$ 的对数偏

离，其他变量采用同样的方法进行处理，则（8）、（9）、（10）、（11）、（12）的线性方程形式分别为：

$$0 \approx \eta \tilde{C}_t - \eta E_t \tilde{C}_t + 1 + (\eta + \beta \bar{r} - 1) E_t \tilde{r}_t + 1 \tag{13}$$

$$0 \approx (\varphi - 1) \tilde{H}_t - \eta \tilde{C}_t + \tilde{Y}_t \tag{14}$$

$$0 \approx \bar{Y} \tilde{Y}_t - \bar{C} \tilde{C}_t + \bar{K}[(1 - \delta) \tilde{K}_t - \tilde{K}_t + 1] \tag{15}$$

$$0 \approx \tilde{\lambda}_t + \theta \tilde{K}_t + (1 - \theta) \tilde{H}_t - \tilde{Y}_t \tag{16}$$

$$0 \approx \tilde{Y}_t - \tilde{K}_t - \tilde{r}_t \tag{17}$$

随机过程：

$$\tilde{p}_t + 1 = \gamma \tilde{p}_t + \tilde{\mu}_t + 1, \tag{18}$$

$$\tilde{\mu}_t + 1 = \varepsilon_t + 1 - (1 - \gamma) \tag{19}$$

3. 模型矩阵化处理

设定：

$$x_t = [\tilde{K}_t + 1] \tag{20}$$

$$y_t = [\tilde{Y}_t, \quad \tilde{C}_t, \quad \tilde{H}_t, \quad \tilde{r}_t,]' \tag{21}$$

$$z_t = [\tilde{p}_t] \tag{22}$$

则 DSGE 模型的线性形式为：

$$0 = Ax_t + Bx_t + 1 + Cy_t + Dz_t \tag{23}$$

$$0 = E_t[Fx_t + 1 + Gx_t + Hx_t - 1 + Jy_t + 1 + Ky_t + Lz_t + 1 + Mz_t] \tag{24}$$

$$z_t + 1 = Nz_t + \varepsilon_t + 1 \tag{25}$$

$$其中，A = [0' \quad \bar{K} \quad 0 \quad 0]' \tag{26}$$

$$B = [0 \quad (1 - \delta) \bar{K} \quad \theta \quad 0]' \tag{27}$$

$$C = [1 \ -\eta \ \varphi-1 \ 0; \ \bar{Y} \ -\bar{C} \ 0 \ 0 \ ; \ -1 \ 0 \ 1 \ 1-\theta; \ 1 \ 0 \ 0 \ -1]' \tag{28}$$

$$D = [0 \quad 0 \quad 1 \quad 0]' \tag{29}$$

$$F = [0], G = [0], H = [0] \tag{30}$$

$$J = [0 \quad -\eta \quad 0 \quad \eta + \beta \bar{r} - 1] \tag{31}$$

$$K = [\,0\ \eta\ 0\ 0\,] \tag{32}$$

$$L = [\,0\,]\ ,\ M = [\,0\,]\ ,\ N = [\,\gamma\,] \tag{33}$$

4. DSGE 模型的运动方程

$$x_t = Px_{t-1} + Qz_t \tag{34}$$

$$Y_t = Rx_{t-1} + Sz_t \tag{35}$$

第二节 参数校准

（一）参数赋值

本书参考国内外相关文献，基于中国的实际，对本章 DSGE 模型中各参数进行赋值。如表 1 所示。

表 1　各参数的值

θ	β	γ	δ	η	φ
0.36	0.99	0.95	0.025	0.99	−1.30

（二）各变量稳态时的值

根据 RBC 经典文献，经济处于稳态时，能源价格冲击变量稳态值满足：

$$\bar{p} = 1 \tag{36}$$

各变量稳态时的值根据表 1 中各参数的值及（8）、（9）、（10）、（11）、（12）计算得到。如表 2 所示。

表 2　各变量稳态时的值

$\bar{Y}$	$\bar{K}$	$\bar{C}$	$\bar{r}$	$\bar{H}$
1.233 5	12.651 29	0.917 2	0.035 1	1/3

（三）各变量稳态附近的运动方程

1. 确定（34）、（35）中 P、Q、R、S 的值。

作者采用 Uhlig 解法，解得：

P = 0.967 4

Q = 0.905 9

R = [0.306 4　0.516 9　− 0.089 3　− 0.693 6]′　　　（37）

S = [3.890 7　− 7.263 0　4.817 9　3.890 7]′　　　（38）

2. 各变量稳态附近的运动方程

结合（20）、（21）、（22）、（34）、（35）、（37）、（38）可计算出各变量在稳态附近的运动方程为：

$$\tilde{K_t} + 1 = 0.967\ 4\ \tilde{K_t} + 0.905\ 9\ \tilde{p_t} \tag{39}$$

$$\tilde{Y_t} = 0.306\ 4\ \tilde{K_t} + 3.890\ 7\ \tilde{p_t} \tag{40}$$

$$\tilde{C_t} = 0.516\ 9\ \tilde{K_t} - 7.263\ 0\ \tilde{p_t} \tag{41}$$

$$\tilde{H_t} = - 0.089\ 3\ \tilde{K_t} + 4.817\ 9\ \tilde{p_t} \tag{42}$$

$$\tilde{r_t} = - 0.693\ 6\ \tilde{K_t} + 3.890\ 7\ \tilde{p_t} \tag{43}$$

第三节　脉冲响应分析

本章主要研究正向随机能源价格冲击对上海合作组织成员国中的能源生产国的能源行业各变量的经济影响。一般而言，如果随机价格冲击的值为正值，则为正向随机价格冲击；如果随机价格冲击的值为负值，则为负向随机价格冲击。本章设定初始随机价格冲击 $\varepsilon_t = 0.01$，根据各变量在稳态附近的运动方程，得到相应的脉冲响应曲线。

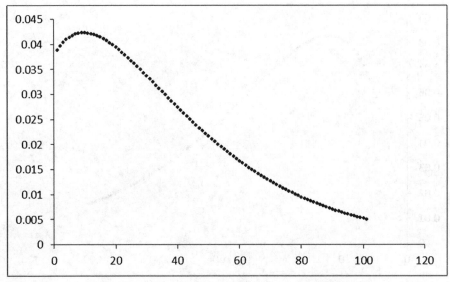

图1　能源行业产量对正向随机价格冲击的脉冲响应

　　图1是上海合作组织能源生产国的能源行业产量对正向随机能源价格冲击 $\varepsilon_t = 0.01$ 的脉冲响应曲线。图1中，上海合作组织能源生产国的能源行业产量对正向随机能源价格冲击的脉冲响应曲线的值在各期均为正值，表明正向随机能源价格冲击对上海合作组织能源生产国的能源行业产量产生了正向的响应，这说明正向随机能源价格冲击对上海合作组织能源生产国的能源行业产量产生了促进作用，即正向随机能源价格冲击会导致上海合作组织能源生产国的能源行业产量增加。图1中，上海合作组织能源生产国的能源行业的能源产量的值先增加后减少，在第9期产量的值达到最大。这表明正向随机能源价格冲击对上海合作组织能源生产国的能源行业产量产生的促进作用在前9期不断增强，在第9期之后开始衰减。图1中，上海合作组织能源生产国的能源行业的能源产量对正向随机能源价格冲击的响应大约需要100期回到稳态值，这说明上海合作组织能源生产国的能源行业的能源产量对正向随机能源价格冲击表现出持久性。

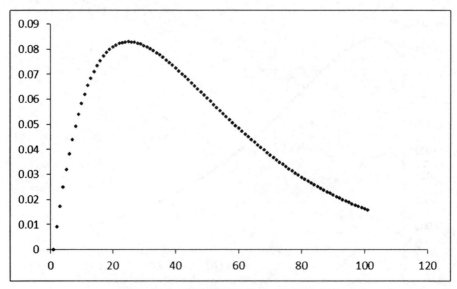

图2　资本对正向随机价格冲击的脉冲响应

　　图2是上海合作组织能源生产国的能源行业的资本对正向随机能源价格冲击 $\varepsilon_t = 0.01$ 的脉冲响应曲线。图2中，上海合作组织能源生产国的能源行业的资本对正向随机能源价格冲击的脉冲响应曲线的值在各期均为正值，表明正向随机能源价格冲击对上海合作组织能源生产国的能源行业的资本产生了正向的响应，这说明正向随机能源价格冲击对上海合作组织能源生产国的能源行业的资本产生了促进作用，即正向随机能源价格冲击会导致资本增加。

　　图2中，上海合作组织能源生产国的能源行业资本总量的响应在第24期达到最大值，然后开始下降。上海合作组织能源生产国的能源行业资本对正向随机能源价格冲击的响应曲线呈现驼峰形状。这表明正向随机能源价格冲击对上海合作组织能源生产国的能源行业资本产生的促进作用在前24期不断增强，在第24期之后开始衰减。图2中，上海合作组织能源生产国的能源行业资本对正向随机能源价格冲击的响应大约需要100期回到稳态值，这说明能源行业资本对正向随机能源价格冲击表现出持久性。

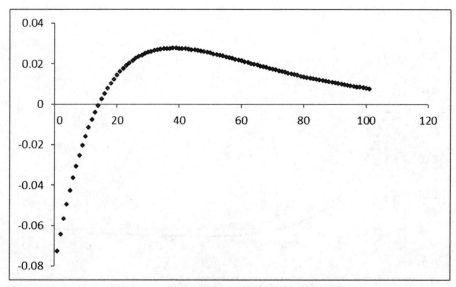

图3　消费对正向随机价格冲击的脉冲响应

图 3 是上海合作组织能源生产国的能源行业的能源行业家庭的消费对正向随机能源价格冲击 $\varepsilon_t = 0.01$ 的脉冲响应曲线。图 3 中，上海合作组织能源生产国的能源行业的能源行业家庭的消费对正向随机能源价格冲击的脉冲响应曲线的值在前 13 期均为负值，在第 13 期之后均为正值。即正向随机能源价格冲击对上海合作组织能源生产国的能源行业的能源行业家庭的消费先产生负向的响应，然后产生正向的响应。这表明正向随机能源价格冲击对上海合作组织能源生产国的能源行业的能源行业家庭的消费先产生了抑制作用，后产生了促进作用。在第 13 期之后，上海合作组织能源生产国的能源行业的能源行业家庭的消费的值不断增加，在第 37 期达到最大值，然后不断减少。这表明正向随机能源价格冲击对上海合作组织能源生产国的能源行业的能源行业家庭的消费产生的促进作用是先增强后减弱的。

图 3 中，上海合作组织能源生产国的能源行业的能源行业家庭的消费对正向随机能源价格冲击的响应大约需要 100 期回到稳态值，这说明上海合作组织能源生产国的能源行业的能源行业家庭的消费对正向随机能源价格冲击表现出持久性。

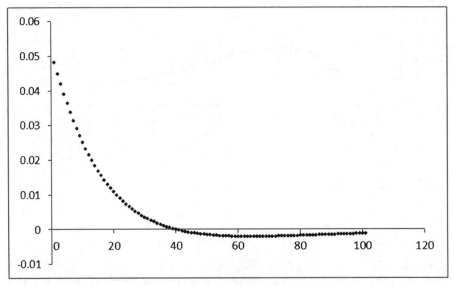

图4　劳动对正向随机价格冲击的脉冲响应

　　图4是上海合作组织能源生产国的能源行业中的劳动对正向随机能源价格冲击 $\varepsilon_t = 0.01$ 的脉冲响应曲线。图4中,上海合作组织能源生产国的能源行业中的劳动对正向随机能源价格冲击的脉冲响应曲线的值在第39期之前均为正值,在第39期之后均为负值。这表明正向随机能源价格冲击对上海合作组织能源生产国的能源行业中的劳动先产生促进作用,然后产生抑制作用。上海合作组织能源生产国的能源行业中的劳动对正向随机能源价格冲击的脉冲响应曲线的值在第1期最大,然后不断减少,在第39期达到最小值。这说明正向随机能源价格冲击对上海合作组织能源生产国的能源行业中的劳动先产生的促进作用是不断减弱的。在第39期之后,上海合作组织能源生产国的能源行业中的劳动的值均为负数,劳动的值的绝对值先增加,在第61期达到最大,在第61期之后劳动的值的绝对值不断减少。这说明正向随机能源价格冲击对上海合作组织能源生产国的能源行业中的劳动产生的抑制作用先增强后减少。

　　图4中,上海合作组织能源生产国的能源行业中的劳动对正向随机能源价格冲击的响应大约需要100期回到稳态值,这说明上海合作组织能源生产国的能源行业中的劳动对正向随机能源价格的冲击表现出持久性。

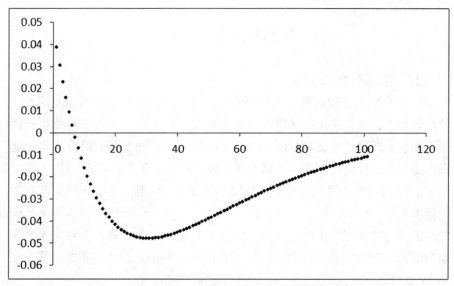

图5　利率对正向随机价格冲击的脉冲响应

　　图 5 是上海合作组织能源生产国的能源行业中的利率对正向随机能源价格冲击 $\varepsilon_t = 0.01$ 的脉冲响应曲线。图 5 中，上海合作组织能源生产国的能源行业中的利率对正向随机能源价格冲击的脉冲响应曲线的值在前 5 期为正值，在第 5 期之后均为负值。即正向随机能源价格冲击对上海合作组织能源生产国的能源行业中的利率先产生了正向的响应，后产生了负向的响应。这说明正向随机能源价格冲击对上海合作组织能源生产国的能源行业中的利率先产生了促进作用，后产生了抑制作用。

　　上海合作组织能源生产国的能源行业中的利率的值在第 1 期达到最大值，然后不断减少。这说明正向随机能源价格冲击对上海合作组织能源生产国的能源行业中的利率产生的促进作用是不断减弱的。在第 5 期之后利率均为负值，但利率的值的绝对值先增加，在第 30 期达到最大，在第 30 期之后利率的值的绝对值不断减少。这说明正向随机能源价格冲击对上海合作组织能源生产国的能源行业中的利率产生的抑制作用先增强后减少。

　　图 5 中，上海合作组织能源生产国的能源行业中的利率对正向随机能源价格冲击的响应大约需要 100 期回到稳态值，这说明上海合作组织能源生产国的能源行业中的利率对正向随机能源价格冲击表现出持久性。

第四节　本章小结

本章研究得到以下结论：

1. 正向随机能源价格冲击会导致上海合作组织能源生产国的能源行业的产量增加，也就是正向随机能源价格冲击会对上海合作组织能源生产国的能源行业产量产生促进作用，而且正向随机价格冲击对上海合作组织能源产量产生的促进作用在前 9 期不断增强，在第 9 期之后开始衰减。

2. 正向随机能源价格冲击会导致上海合作组织能源生产国的能源行业的资本增加，也就是正向随机能源价格冲击会对上海合作组织能源生产国的能源行业的资本产生促进作用，而且正向随机能源价格冲击对上海合作组织能源生产国的能源行业的资本产生的促进作用在前 24 期不断增强，在第 24 期后开始衰减。

3. 正向随机能源价格冲击对上海合作组织能源行业家庭消费先产生抑制作用，后产生促进作用。在前 13 期，正向随机能源价格冲击对上海合作组织能源行业家庭消费产生抑制作用，在第 13 期之后，正向随机能源价格冲击对上海合作组织能源行业家庭消费产生促进作用。在前 13 期正向随机能源价格冲击对上海合作组织能源行业家庭消费产生的抑制作用是不断衰减的，在第 13 期之后，正向随机能源价格冲击对上海合作组织能源行业家庭消费产生的促进作用先不断增强，后不断减弱。

4. 正向随机能源价格冲击对上海合作组织能源行业劳动先产生促进作用，后产生抑制作用。前 39 期是正向随机能源价格冲击对上海合作组织能源行业劳动产生促进作用阶段，第 39 期是正向随机能源价格冲击对上海合作组织能源行业劳动产生抑制作用阶段。在前 39 期正向随机能源价格冲击对上海合作组织能源行业劳动产生的促进作用是不断衰减的，在第 39 期后，正向随机能源价格冲击对上海合作组织能源行业劳动产生的抑制作用先不断增强，后不断减弱。

5. 正向随机能源价格冲击对上海合作组织能源行业中的利率先产生促进作用，后产生抑制作用。前 5 期是正向随机能源价格冲击对上海合作组织能源行业中的利率产生促进作用阶段，第 5 期后是正向随机能源价格冲击对上海合作组织能源行业中的利率产生抑制作用阶段。在前 5 期，正向随机能源价格冲击对上海合作组织能源行业中的利率产生的促进作用是不断衰减的，在第 5 期后，正向随机能源价格冲击对上海合作组织能源行业中的利率产生的抑制作用先不断增强，后不断减弱。

6. 能源生产国的能源行业产量、资本、消费、劳动、利率对正向随机能源价格冲击的响应均表现出持久性。

综合上述研究结论，可知：

在短期内，正向随机能源价格冲击会增加上海合作组织能源生产国的能源行业产量、资本、劳动、利率，但会减低消费。也就是在短期内，正向随机能源价格冲击对上海合作组织能源生产国的能源行业产量、资本、劳动、利率有正面影响，但会对消费产生负面影响。

在长期内，正向随机能源价格冲击会增加上海合作组织能源生产国的能源行业产量、资本、消费，但会减少劳动、利率。也就是在长期内，正向随机能源价格冲击对上海合作组织能源行业的产量、资本、消费有正面影响，但会对劳动、利率产生负面影响。

美国加征进口关税对我国能源产业空间地理分布的影响研究

——基于空间经济学模型的分析

第一节　引言

2019年9月，以美国对华2 000亿美元的输美商品加征关税为标志性事件，点燃了中美贸易战的导火索，中美贸易战至今仍未结束。美国对我国加征进口关税给我国的国际贸易带来巨大冲击，我国出口贸易发展严重受阻。

我国的出口商品主要由在我国境内的企业生产。美国对我国的出口商品加征进口关税，提高了我国输美商品的成本和价格，削弱了我国输美商品的竞争力，降低了我国企业对美商品出口的数量，极大削弱了我国输美企业的出口利润。

企业是产业的细胞，企业地理位置的改变必然带来产业空间地理位置的改变。那么，我国能源企业在遭受美国加征关税带来的巨大打击后，有没有不断向境外转移的动力呢？本章主要研究美国加征进口关税对我国能源产业空间地理分布的影响。

空间经济学模型是分析产业空间布局和产业空间转移的最重要的工具之一。本章基于修改后的迪克西特—斯蒂格利茨空间经济学模型进行实证研究。标准的迪克西特—斯蒂格利茨空间经济学模型中涉及冰山成本，冰山成本只包含运输成本，但并不包括进口关税。作者的研究框架是基于标准的迪克西特—斯蒂格利茨空间经济学模型，但本章将进口关税纳入分析框架，从而凸显进口关税带来的影响，这是本书的创新性所在。

第二节　文献回顾

国内相关文献回顾。许德友、梁琦（2012）构建两国三地区空间经济学模型分析贸易成本与国内产业地理分布之间的数量关系，研究表明：在两地区是非对称情形、在对外贸易成本既定时，国内贸易成本的减少会有利于国内产业在两地区更均衡分布，从而抑制国内产业向某一地区的聚集程度。梁琦、丁树、王如玉（2012）构建了包含运输成本、交流成本和地方税收因素的空间经济学模型。研究表明：当所有企业总部都集聚到中心区域时，如果外围区域的税率持续降低，会抑制集聚，从而形成对称均衡，企业总部会均匀分布于各地区。安虎森、皮亚彬、薄文广（2013）基于 Melitz（2003）的经典模型分析了市场规模、贸易成本与出口企业生产率"悖论"之间的关系，研究表明：当两国完全对称时，高生产率的企业同时进入国内国外市场，低生产率的企业只能进入国内市场；当存在市场规模和进入成本的非对称性特征时，内销企业的生产率会高于出口企业的生产率，从而很好地解释了生产率"悖论"。朱炎亮、万勇（2015）将城市内部空间结构纳入到空间经济学模型分析框架，研究表明：劳动力流动对经济集聚有显著的正向效应，但劳动力拥挤成本等因素会对经济集聚产生负向效应。邓慧慧（2012）通过构建空间经济学多区域一般均衡模型研究发现：随着国际贸易自由化进程的不断深入，一国国内产业更加趋向集中，而不是均衡分布。刘生龙、张捷（2009）基于 1985 年~2007 年我国省级数据在空间经济学视角下对我国区域经济的收敛性进行检验，研究发现：我国区域经济增长存在 β 收敛。

国外相关文献回顾。Dixit 和 Stiglitz 在 1997 年发表的《垄断竞争与最优产品多样性》为很多领域的研究奠定了崭新的工具，尤其为空间经济学领域的分析奠定了一个标准分析范式。Masahisa Fujita、Paul Krugman 和 Anthony J. Venables 的著作《空间经济学》，这本书将空间经济学研究推向了一个新的高度。

Paluzie（2001）、Crozet 和 Soubeyran（2004）研究发现：贸易自由化会提高产业集聚程度。然而，Fujita 等（1999）研究发现：贸易自由化使一个国家制造业在空间上显得更加分散，但对某些特定产业而言贸易自由化也可能带来新的空间集聚。

上述文献基于空间经济学模型的分析框架，主要分析交通运输成本对产业地理分布带来的动态影响，而没有分析进口关税因素对产业地理分布带来的动态影响。作者将进口关税纳入迪克西特—斯蒂格利茨的空间经济学模型分析框架进行相关实证研究，这是作者的创新所在。作者的研究也是对已有文献的一个补充和丰富。

第三节　理论模型

本章的理论模型基于迪克西特—斯蒂格利茨的垄断竞争模型（Dixit 和 Stiglitz，1977）而不同于该模型。本章的理论模型不同于迪克西特—斯蒂格利茨的垄断竞争模型的地方主要体现在：（1）本章将进口关税纳入空间经济学模型的分析框架；（2）本章设定商品在运输途中并不发生数量上的减少；（3）本章设定美国对我国加征关税的商品主要是能源制成品，基本不涉及农产品，本章对农产品的消费总量进行简化（农产品的消费总量为1单位）。

（一）消费者行为

所有消费者消费都具有相同的偏好，所有消费者都消费能源制成品和农产品。效用函数为柯布-道格拉斯生产函数形式：

$$U = M^{\mu} A^{1-\mu} \tag{1}$$

其中，M 为制成品消费量的综合指数，A 为农产品的消费量，μ 表示能源制成品的支出份额。M 是制成品种类的连续空间上的子效用函数，且符合不变替代弹性函数（CES）形式：

$$M = \left[\int_{0}^{n} m(i)^{\rho} di \right]^{1/\rho} \tag{2}$$

其中，$m(i)$ 表示每种能源制成品的消费量，ρ 表示消费者对制成品多样性的偏好程度。令 $\sigma = \dfrac{1}{1-\rho}$，$\sigma$ 表示任意两种能源制成品之间的替代弹性。当 ρ 趋近于 0，则 σ 趋近于 1，说明消费更多差异化制成品的愿望越来越强；当 ρ 趋近于 1，则 σ 趋近于无穷大，说明差异化制成品几乎被完全替代（消费更多差异化制成品的愿望越来越弱）。为简化计算，本章设定农产品的消费总量为 1 单位。

$$A = 1 \tag{3}$$

消费者的预算约束是 $Ap^A + \int_0^n p(i)m(i)di = Y$。其中，$p^A$ 是农产品价格，$p(i)$ 是每种能源制成品价格，Y 是收入。结合（3），消费者的预算约束可以简化为：

$$p^A + \int_0^n p(i)m(i)di = Y \tag{4}$$

要实现能源制成品组合 M 的最小支出，则

$$\min \int_0^n p(i)m(i)di \quad \text{于} \quad M = \left[\int_0^n m(i)^\rho di \right]^{1/\rho}$$

解得：

$$m(j) = \frac{p(j)^{1/(\rho-1)}}{\left[\int_0^n p(i)^{\rho/(\rho-1)}di \right]^{1/\rho}} M \tag{5}$$

消费者将收入在能源制成品和农产品之间进行分配以实现效用最大化，则

$$\max U = M^\mu A^{1-\mu} \text{ 受约束与 } GM + p^A A = Y$$

解得：

$$M = \frac{\mu Y}{G} \tag{6}$$

（6）中 G 为购买 1 单位能源制成品组合的最小成本。经计算得到：

$$G \equiv \left[\int_0^n p(i)^{\rho/(\rho-1)}di \right]^{\rho-1/\rho} = \int_0^n p(i)^{1-\sigma}di^{1/(1-\sigma)} \tag{7}$$

结合（5）、（6）和（7），得到：

$$m(j) = \mu Y \frac{p(j)^{-\sigma}}{G^{-(\sigma-1)}}, j \in [0, n] \tag{8}$$

（二）冰山运输成本与扩展后的冰山运输成本

冯·杜能和萨缪尔森最早引入冰山运输成本。1 单位的能源制成品从地区 r 运到地区 s，只有 $1/T_{rs}$ 的制成品能够到达目的地，其余的能源制成品在路途中损耗掉了。T_{rs} 是地区 r 运到地区 s 的距离，满足 $T_{rs} > 1$。如果

能源制成品在地区 r 的价格为 p_r ，则在地区 s 的交货价为 $p_r T_{rs}$ 。

本章对冰山运输成本进行修正。本章设定 1 单位的能源制成品从地区 r 运到地区 s，在运输途中不会发生损耗，也就是 1 单位的能源制成品从地区 r 运到地区 s 时还是 1 单位。

本章设定地区 r 为中国，地区 s 为美国。1 单位的能源制成品从地区 r 运到地区 s 时，意味着地区 r 为制成品的出口方，地区 s 为制成品的进口方。在不考虑其他因素对能源制成品价格产生影响时，如果进口方对进口的能源制成品加征进口关税，税率为 T ，当能源制成品在地区 r 的价格为 p_r ，则在地区 s 的价格为 $p_r(1 + T)$ ，其中 $0 < T < 1$ 。

为简化计算，本章令 $\psi = (1 + T)$ ，则 $p_r(1 + T) = p_r \psi$ ，ψ 可以理解为进口商品价格的总加成幅度，其中 $\psi > 1$ 。

本章把地区 s 的价格指数记为 G_s 。由于本章研究只涉及中国和美国这两个地区，因此本章中总共有 R 个地区，其中 $R = 2$ 。这 R 个地区分别为地区 r（中国）和地区 s（美国）。根据（7），G_s 可以表示为：

$$G_s = \Big[\sum_{r=1}^{R} n_r (p_r \psi)^{1-\sigma} \Big]^{1/(1-\sigma)} , \quad r = 1, \dots R \text{ 且 } R = 2 \tag{9}$$

其中 n_r 为地区 r 生产的商品种类数。本章将地区 r 此种产品的总销量（生产量）记为 q_r 。根据（8），q_r 可以表示为

$$q_r = \sum_{s=1}^{R} Y_s (p_r \psi)^{-\sigma} G_s^{\sigma-1} \tag{10}$$

（三）生产者行为

假定生产中只需要一种要素投入即劳动，所有地区能源制成品的生产技术都相同，固定投入为 F，边际投入为 c，则

$$l = F + cq \tag{11}$$

其中 l 为劳动量。

利润函数是

$$\pi_r = p_r q_r - w_r (F + c q_r) \tag{12}$$

其中 π_r 是一家位于地区 r 的生产厂商的利润，p_r 是能源制成品的出厂价，w_r 是生产厂商支付给工人的工资率（每单位劳动的工资）。

在价格指数 G_s 给定时，假定所有厂商都选定各自的能源产品价格，则需求弹性也是 σ 。根据利润最大化原则，可得厂商的定价原则

$$p_r(1 - 1/\sigma) = c\,w_r \tag{13}$$

根据（13），可得地区 r 厂商的利润最大化时的利润表达式为：

$$\pi_r = w_r\left(\frac{c\,q_r}{\sigma - 1} - F\right) \tag{14}$$

本章假定能源生产厂商的进入或退出是自由的，也就是不论生产企业是盈利还是亏损，都可以自由进入或退出。这意味着最终能源生产厂商利润最大化时的利润为零。即（14）中的 π_r 等于零，则：

$$q^* \equiv F(\sigma - 1)/c \tag{15}$$

$$l^* \equiv F + c\,q^* = F\sigma \tag{16}$$

$$n_r = l_r/l^* = l_r/F\sigma = l_r/\mu \tag{17}$$

其中，q^* 为能源企业利润最大化时的利润时的产量，l^* 能源企业利润最大化时的利润时劳动投入量，n_r 是地区 r 的能源制造业厂商数目（等于制造业产品种类数），l_r 是地区 r 的制造业总工人数。

由（10）可得：

$$q^* = \mu \sum_{s=1}^{R} Y_s\,(p_r)^{-\sigma}\,\psi^{-\sigma}\,G_s^{\sigma-1} \tag{18}$$

由（13）和（18）可得：

$$w_r = \left(\frac{\sigma - 1}{\sigma c}\right)\left[\frac{\mu}{q^*}\sum_{s=1}^{R} Y_s\,\psi^{-\sigma}\,G_s^{\sigma-1}\right]^{1/\sigma} \tag{19}$$

（四）标准化处理

选择适当的计量单位使得 $c = \dfrac{(\sigma - 1)}{\sigma}$ 和 $F = \mu/\sigma$。这一标准化使得（13）、（15）、（16）、（17）简化。简化后的表达式分别为：$p_r = w_r$；$q^* = l^* = \mu$；$n_r = \dfrac{l_r}{\mu}$。利用这一标准化处理方法，价格指数方程和工资方程可以简化为：

$$G_r = \frac{1}{\mu}\left[\sum_{s=1}^{R} L_s\,(w_s\psi)^{(1-\sigma)}\right]^{1/(1-\sigma)},\ R = 2 \tag{20}$$

$$w_r = \left[\sum_{s=1}^{R} Y_s\,\psi^{-\sigma}\,G_s^{\sigma-1}\right]^{1/\sigma},\ R = 2 \tag{21}$$

由于本章分析只涉及两个地区，即 $R = 2$。（20）和（21）中，当 $r = 1$

和 $s=1$ 时，两地区实际上就是同一个地区，则 $\psi=1$。类似地，当 $r=2$ 和 $s=2$ 时，则 $\psi=1$。只有当 $r\neq s$ 时，则 $\psi\neq1$。据此，（20）和（21）可以具体表示为：

$$G_1^{1-\sigma}=\left[\frac{L_1}{\mu}w_1^{1-\sigma}+\frac{L_2}{\mu}(w_2\psi)^{1-\sigma}\right] \tag{22}$$

$$G_2^{1-\sigma}=\left[\frac{L_1}{\mu}(w_1\psi)^{1-\sigma}+\frac{L_2}{\mu}w_2^{1-\sigma}\right] \tag{23}$$

$$w_1^{\sigma}=Y_1\,G_1^{\sigma-1}+Y_2\,G_2^{\sigma-1}\,\psi^{-\sigma} \tag{24}$$

$$w_2^{\sigma}=Y_1\,G_1^{\sigma-1}\,\psi^{-\sigma}+Y_2\,G_2^{\sigma-1} \tag{25}$$

实际工资由名义工资除以生活费用指数得到，则地区 r 能源制造业工人的实际工资为：$\omega_r=\dfrac{w_r}{G_r^{\mu}\,(p_r^A)^{1-\mu}}$，其中 p_r^A 为地区 r 农产品的价格。本章设定农产品的价格为单位价格，则地区 r 能源制造业工人的实际工资为：

$$\omega_r=w_r\,G_r^{-\mu} \tag{26}$$

以下为数值模拟分析。

（一）方程与赋值

本章设定农业劳动力在两个地区平价分布，也就是农业劳动力在地区 r 和地区 s 的份额都是 1/2。λ 为地区 r 的能源行业劳动力份额，$1-\lambda$ 为地区 s 的能源行业劳动力份额。适当选择单位，使得 $L=\mu$，也就是所有地区（地区 r 和地区 s）能源制造业工人总数为 μ。对应的所有地区（地区 r 和地区 s）农业总人数为 $1-\mu$。则地区 r 的能源制造业工人数为 $\mu\lambda$，地区 s 的制造业工人数为 $(1-\lambda)\mu$。本章总共涉及以下 8 个方程：

$$Y_1=\mu\lambda\,w_1+\frac{1-\mu}{2} \tag{27}$$

$$Y_2=\mu(1-\lambda)\,w_2+\frac{1-\mu}{2} \tag{28}$$

$$G_1=\left[\lambda\,w_1^{1-\sigma}+(1-\lambda)\,(w_2\psi)^{1-\sigma}\right]^{1/(1-\sigma)} \tag{29}$$

$$G_2=\left[\lambda\,(w_1\psi)^{1-\sigma}+(1-\lambda)\,(w_2)^{1-\sigma}\right]^{1/(1-\sigma)} \tag{30}$$

$$w_1=\left[Y_1\,G_1^{\sigma-1}+Y_2\,G_2^{\sigma-1}\,\psi^{-\sigma}\right]^{1/\sigma} \tag{31}$$

$$w_2 = \left[Y_1\, G_1^{\sigma-1}\, \psi^{-\sigma} + Y_2\, G_2^{\sigma-1} \right]^{1/\sigma} \tag{32}$$

$$\omega_1 = w_1\, G_1^{-\mu} \tag{33}$$

$$\omega_2 = w_2\, G_2^{-\mu} \tag{34}$$

上述公式中的下标 1 对应于地区 r，下标 2 对应于地区 s。

（二）示例

本章令 $\sigma = 5, \mu = 0.4$。根据（27）至（34），可以得到 $\omega_1 - \omega_2$ 与 λ 的数量关系图。对于 $\psi \in [1, +\infty)$ 的任何一个值而言，当 $\lambda = 0.5$ 时，有 $\omega_1 - \omega_2 = 0$。对于一个给定的 $\psi \in [1, +\infty)$ 的任何一个值，存在 $\omega_1 - \omega_2$ 与 λ 的数量关系图。因此，$\omega_1 - \omega_2$ 与 λ 的数量关系图有无数个，本章只列举 $\psi = 2.1$ 和 $\psi = 1.5$ 时的 $\omega_1 - \omega_2$ 与 λ 的数量关系图。示例 1：图 1 为 $\psi = 2.1$ 时的 $\omega_1 - \omega_2$ 与 λ 的数量关系图。

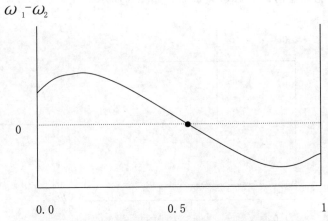

图 1　实际工资差额与进口商品的总加成幅度

示例 2：图 2 为 $\psi = 1.5$ 时的 $\omega_1 - \omega_2$ 与 λ 的数量关系图。

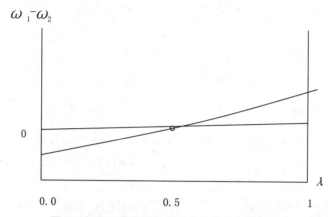

图2　实际工资差额与进口商品的总加成幅度

根据所有的关于 $\omega_1 - \omega_2$ 与 λ 的数量关系图，可以得到美国加征进口关税与中国能源业份额的数量关系图。如图3所示。

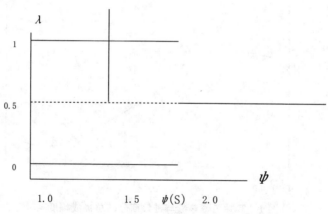

图3　美国加征进口关税与中国制造业份额

图3中，横坐标为美国对进口商品价格的总加成幅度 ψ，纵坐标为能源业在我国的份额。$\psi(S)$ 为维持点[1]的位置。当 $1 \leqslant \psi < \psi(S)$ 时，表现为中心—外围模式，此时所有制造业都集聚在地区 r；当 $\psi > \psi(S)$ 时，表现为对称均衡模式，此时能源业在地区 r 和地区 s 平均分布；当 $\psi = \psi(S)$

---

〔1〕　本章中的维持点和突变点为同一个点。

时，为中心—外围模式与对称均衡模式的临界点位置。

（三）维持点 $\psi(S)$ 的计算

令 $\lambda = 1$，$w_1 = 1$，这意味着所有能源制造业都集聚在地区 r，也就是处于中心—外围模式状态，并且地区 r 制造业工人的工资是 1。将 $\lambda = 1$、$w_1 = 1$ 带入（27）至（34）可以得到：

$$Y_1 = \frac{1+\mu}{2}；Y_2 = \frac{1-\mu}{2}；G_1 = 1；G_2 = \psi；\omega_1 = 1。\tag{35}$$

$\omega_1 = 1$ 表明地区 r 制造业工人的实际工资为 1 单位。只有当地区 s 制造业工人的实际工资小于或等于 1 单位时，地区 r 能源业工人才不会向地区转移，此时中心—外围模式稳定。当地区 s 能源业工人的实际工资大于 1 单位时，地区 r 能源业工人会向地区转移，此时中心—外围模式不稳定，形成对称均衡。因此，地区 s 能源业工人的实际工资等于 1 单位（$\omega_2 = 1$）时所对应的 ψ 值，就是 $\psi(S)$。

由（34）和（35）可知：

$$\omega_2^\sigma = \frac{1+\mu}{2}\psi^{-\sigma-\mu\sigma} + \frac{1-\mu}{2}\psi^{\sigma-1-\mu\sigma}\tag{36}$$

将 $\omega_2 = 1$ 带入（36），可得：

$$1 = \frac{1+\mu}{2}\left[\psi(s)\right]^{-\sigma-\mu\sigma} + \frac{1-\mu}{2}\left[\psi(s)\right]^{\sigma-1-\mu\sigma}\tag{37}$$

将 $\sigma = 5$ 和 $\mu = 0.4$ 带入（37）得到：

$$\psi(s) = 1.8\tag{38}$$

由（37）可知：

$$\frac{d\psi(S)}{d\sigma} < 0\tag{39}$$

$$\frac{d\psi(S)}{d\mu} > 0\tag{40}$$

$\dfrac{d\psi(S)}{d\sigma} < 0$ 表示：在 μ 一定时，σ 越小，$\psi(S)$ 的值会越大。也就是在能源业份额保持不变时，能源业产品的差异性越大（替代性越小），维持点 $\psi(S)$ 的值越大。$\dfrac{d\psi(S)}{d\mu} > 0$ 表示：在 σ 一定时，μ 越大，$\psi(S)$ 的值会越大。

也就是在能源业产品的差异性保持不变（替代性保持不变）时，随着能源业份额的增加，维持点 $\psi(S)$ 的值越大。

综上分析，μ 越大，σ 越小，$\psi(S)$ 的值会越大。也就是能源业产品的差异性越大（替代性越小），能源业份额越大，维持点 $\psi(S)$ 的值越大。

第四节　美国加征进口关税对我国能源业空间地理分布带来的影响

（一）美国单方面加征进口关税对我国能源业空间地理分布的影响

依据图3，美国对我国加征进口关税，会提高 ψ 的值，一旦美国对我国加征进口关税后的 ψ 值大于 $\psi(S)$，经济就从中心—外围模式转变为对称均衡模式，从而导致中国的能源业不断向美国转移，最终能源制造业在中国和美国平均分布。如果美国对我国加征进口关税后的 ψ 值小于或等于 $\psi(S)$，经济还是处于中心—外围模式状态，能源制造业还是集聚在中国。

再结合 $\dfrac{d\psi(S)}{d\sigma} < 0$ 可知，提高能源业商品间的差异程度会提高 $\psi(S)$，进而会更加有利于维持中心—外围模式（意味着更加不利于对策均衡模式），会抑制美国加征进口关税所导致的中国能源业向美国转移的程度。

再结合 $\dfrac{d\psi(S)}{d\mu} > 0$ 可知，提高能源业份额（制造业规模）会提高 $\psi(S)$，进而会更加有利于维持中心—外围模式（意味着更加不利于对策均衡模式），也会抑制美国加征进口关税所导致的中国能源业向美国转移的程度。

（二）中国单方面对美国加征进口关税对我国制造业空间地理分布带来的影响

中国对从美国进口的能源业商品加征进口关税带来的影响与本章上述分析思路类似[1]，分析结果如图4所示。

---

〔1〕 将本章理论模型、数值模拟分析和美国单方面加征进口关税带来影响内容中的中国改为美国，同时将美国改为中国，对应的研究结论就是中国单方面对美国进口加征关税带来影响的结论。

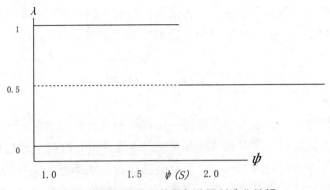

图4　中国加征进口关税与美国制造业份额

图4中，横坐标为中国对进口商品价格的总加成幅度 ψ，纵坐标为能源业在美国的份额。依据图4，我国对美国加征进口关税，会提高 ψ 的值，一旦我国对美国加征进口关税后的 ψ 值大于 $\psi(S)$，经济就从中心—外围模式转变为对称均衡模式，从而导致美国的能源业不断向中国转移，最终能源业在美国和中国平均分布。如果我国对美国加征进口关税后的 ψ 值小于或等于 $\psi(S)$，经济还是处于中心—外围模式状态，所有能源业还是集聚在美国。

（三）中美同时加征对等数量的进口关税对我国能源业空间地理分布带来的影响

图3充分表明：美国单方面对我国加征进口关税会诱导我国能源业向美国转移，使能源业集聚在中国转变为能源业在中国和美国平均分布；图4充分表明：中国单方面对美国加征进口关税会诱导美国能源业向中国转移，使能源业集聚在美国转变为能源业在中国和美国平均分布。因此，在美国对我国加征进口关税的同时，我国对美国加征同等数量的进口关税，会抑制能源业从我国向美国转移，有利于巩固中心—外围模式，有利于能源业集聚在我国。在美国对我国加征进口关税的同时，我国对美国加征同等数量的进口关税，可以最大限度地保护本国利益，可以将美国对我国加征进口关税对我国能源业的负面影响降到最低，我国境内的能源业就没有动力向美国境内迁移。如果我国对美国加征进口关税的程度弱于美国对我国加征进口关税的程度，我国境内的制造业还是有向美国迁移的动力，还

是不利于能源业集聚在我国。作者认为，针对美国不断给我国加征进口关税，我国的反制措施应注重"同时原则"和"对等原则"。

第五节　本章小结

本章将进口关税纳入迪克西特—斯蒂格利茨空间经济学模型来分析美国对我国加征进口关税对我国能源业空间地理分布的影响。研究发现：

美国单方面对我国加征进口关税会诱导我国能源业向美国转移，一旦美国对我国加征的进口关税超过临界值，就会使能源业集聚在中国转变为能源业在中国和美国平均分布。

在美国对我国加征进口关税的同时，我国对美国加征同等数量的进口关税，可以最大限度地保护本国利益，可以将美国对我国加征进口关税对我国能源制造业所带来的负面影响降到最低，我国境内的能源业就没有动力向美国境内迁移，有利于能源业在我国集聚。如果我国对美国加征进口关税的程度弱于美国对我国加征进口关税的程度，我国境内的能源业还是有向美国迁移的动力，还是不利于能源业集聚在我国。

提高能源业商品间的差异程度会提高，会抑制美国加征进口关税所导致的中国制造业向美国转移的程度。扩大制造业规模也会抑制美国加征进口关税所导致的中国能源业向美国转移的程度。

根据本章相关研究结论，作者提出如下政策建议：

第一，针对美国不断给我国加征进口关税，我国的反制是维护本国利益的必然选择。如果我国不对美国采取反制措施，必然导致我国的能源业转移到美国，从而给我国制造业带来灾难性打击。

第二，针对美国不断给我国加征进口关税，我国的反制措施应注重"同时原则"和"对等原则"。"同时原则"——美国对我国加征进口关税的时候，我国应同时对美国加征进口关税；"对等原则"——美国对我国加征多少进口关税，我国就应对美国加征多少进口关税。

第三，为抑制美国加征进口关税所导致的中国能源业向美国转移的程度。我国应提高能源业商品间的差异程度、扩大能源业规模。

能源企业研发强度、规模大小与企业利润

第一节 引言

追逐利润，是企业永恒的主题。自从熊彼特提出创新理论以来，围绕企业研发的学术成果就不断涌现。本章主要分析能源企业研发强度和能源企业规模对企业利润的影响。

国外相关文献回顾。Blundell、Griffith 和 Van Reenen（1995）运用英国 1972 年~1982 年企业面板数据共 4 215 个观测值，采用计数模型，以重大创新数量为被解释变量，在控制了知识存量、市场集中度等企业特征和产业特征变量后，研究发现，企业市场份额对创新数量有显著正影响。Yan Zhang，Haiyang LI，Michael A Hitt，Geng Cui（2007）以中国的制造业为分析样本对研发强度与企业绩效进行实证检验，研究结果表明：在出口导向型的合资企业里研发强度对企业绩效有积极的正向作用，在非出口导向型的合作企业里研发强度对企业绩效的作用不明显。Hulya Ulku（2007）以 17 个经济合作与发展组织国家的四个制造业部门为分析样本，实证研究了研发强度、创新速度与产出增长率的关系。研究表明：在四个制造业部门中知识存量是决定创新的关键因素，同时研发强度的增加导致了化学、电子、医药部门的创新速度的增加，这些发现大力支持非规模内生增长理论。Bai David Huamao（2003）以中国制造业为分析样本，使用递归三方程组分析企业的研发强度、生产过程的决定因素以及创新对企业绩效的影响。研究表明：研发强度对企业产品创新和企业利润有显著的正向作用。企业的规模、市场集中度和利润是影响企业研发

强度的重要因素。

上述国外文献都支持研发投入会提高企业利润的结论,然而也有国外相关研究不支持该结论。Morbey Graham K（1988）基于 1976 年~1985 年的时间序列数据并以 800 家公司为例来研究研发强度与利润的关系,结果表明两者之间没有显著的相关性。

国内相关文献回顾。对研发投资与企业利润之间的数量关系进行实证研究,是现阶段我国学者的一个研究热点。傅联英（2018）以食品企业为例并运用内生转换回归模型研究了企业的广延研发决策对企业利润的影响。研究结果显示:研发投资能够显著促进研发企业的利润表现,食品研发企业通过研发投资能够实现 16.07% 的利润溢价。汤二子、刘凤朝（2015）运用异质企业模型分析了研发对企业利润的影响。研究表明:研发投资对企业利润具有积极的促进作用,而且企业出口会增强这种促进作用。罗小芳等（2018）基于面板回归模型分析了研发投入对企业利润的影响。研究表明:只有研发投入与人员协同的企业才能实现超额利润。

我国学者对企业规模与研发投入之间的数量关系,也进行了大量的实证研究工作。柴俊武、万迪昉（2003）对西安市 782 家企业的企业规模与 R&D 投入强度进行了实证分析,结果显示企业规模与企业 R&D 投入强度呈倒 U 形曲线关系。朱恒鹏（2006）以 822 家民营企业的调查数据进行分析,研究表明,企业规模与民营企业研发强度之间呈较明显的倒 U 形函数关系。张少军（2008）运用面板数据模型,结合主成分分析方法,研究了中国贸易投资一体化对研发投入的影响。研究发现,贸易一体化对研发投入没有影响,投资一体化对研发投入有显著的负作用,企业规模水平越大,反而不利于研发投入的增加。周黎安、罗凯（2005）运用中国 1985 年~1997 年 30 个省级水平的面板数据,应用动态面板模型方法对企业规模与专利数量之间的关系进行了实证检验。研究发现,非国有企业的企业规模对创新有显著的促进作用,而国有企业规模对创新的作用则不显著。吴延兵（2007）运用中国四位数制造产业数据进行实证分析,研究发现,企业规模对 R&D 投入有显著的促进作用,从而支持了熊彼特关于规模促进创新的假说。周亚虹、许玲丽（2007）运用浙江省桐乡市 21 家民营企业 14个季度的面板数据研究中国民营企业研发投入强度对企业业绩的影响。研究发现:浙江省桐乡市民营企业的 R&D 投入在其投入后（不包括投入当期）一年之内对企业业绩具有积极的影响，并且这种影响呈现一个倒U形。王君彩、王淑芳（2008）利用电子信息行业的相关数据，对企业研发投入和企业绩效的相关性从微观层面进行多元回归的实证分析。结果显示：我国企业研发投入水平比较低，企业研发投入对企业业绩的作用不明显，研发强度对企业业绩的影响存在滞后效应。唐曼萍、李后建（2019）基于中国制造企业的调查数据研究了企业规模、最低工资与研发投入之间的数量关系，研究表明：企业的规模越大，其研发投入强度越高，同时最低工资上调对企业研发强度具有显著的积极影响。

由于企业在确定规模及研发投入强度的大小时，一个重要的目的是实现企业利润最大化。然而，相关文献却很少能在研发强度、企业规模与企业利润的统一框架下进行研究，一个重要的原因是企业利润的数据一般不对外公布。本章借助于上海财经大学五百强企业研究中心提供的数据，将能源企业利润纳入分析框架来分析能源企业研发强度、能源企业规模与能源企业利润三者之间的关系，本章的研究具有重要的学术研究价值。

第二节　研究设计

（一）样本选择

本章使用的数据来自上海财经大学五百强企业研究中心，所选样本为研发强度排名一直处于前100名的企业，共38个。这38个企业都属于制造业，主要为能源企业，涉及航空、航天、核工业与船舶、兵器制造、通信器材、煤炭采掘、化学纤维等18个行业。其余企业由于一年或一年以上的研发强度没有进入前一百名，被剔除掉。

（二）变量定义与数据描述

本章研究能源企业研发强度、规模大小与利润的关系。表1给出了各变量的符号和定义，表2给出了各变量的描述性统计。

表1　变量定义

符号	定义
lir	表示能源企业的利润，单位为万元。
yf	表示能源企业的研发强度的大小。
zch	用能源企业的总资产表示企业的规模，单位为万元。
ren	表示能源企业的人数。
qy	表示能源企业所在的区位，qy＝2，表示能源企业处于东部地区；qy＝1，表示能源企业处于中部地区；qy＝0，表示能源企业处于西部地区。
syz	syz＝1，表示能源企业是国有企业；syz＝0，表示能源企业是民营企业。
ybq	ybq＝1，表示能源企业按规模排名属于一百强；ybq＝0，表示能源企业按规模排名不属于一百强。

表2　各变量的描述性统计

变量	均值	中位数	标准差	最大值	最小值	观察值
yf	4. 957 533	4. 200 000	2. 603 608	16. 570 00	2. 200 000	152
syz	0. 605 263	1. 000 000	0. 490 410	1. 000 000	0. 000 000	152
qy	1. 578 947	2. 000 000	0. 714 340	2. 000 000	0. 000 000	152
ren	62 851. 74	62 851. 74	116 890. 2	1 210 570	3 074. 000	152
lir	123 174. 7	53 410. 50	152 105. 0	639 464. 0	−95 667. 00	152
zch	4 385 197	2 045 989	5 498 824	31 450 327	278 493. 0	152
ybq	0. 315 789	0. 000 000	0. 466 366	1. 000 000	0. 000 000	152

（三）模型设定

单纯应用截面数据或时间序列数据来寻找经济规律，往往存在一定的偏差，得出的结论也不可靠。作者运用动态面板数据模型分析能源企业研发强度、规模大小与能源企业利润之间的关系。

$$\text{lir}_{i,t} = \alpha_0 + \alpha_1 \text{lir}_{i,t-1} + \alpha_2 \text{yf}_{i,t} + \alpha_3 \text{zch}_{i,t} + \alpha_4 \omega_{i,t} + \varepsilon_{i,t} \tag{1}$$

（1）式中，i代表各个能源企业样本，t代表年份，$lir_{i,t}$表示第i个能源企业样本在第t年的利润，$lir_{i,t-1}$表示第i个能源企业样本在第t-1年的利润，$yf_{i,t}$表示第i个能源企业样本在第t年的研发强度，$zch_{i,t}$表示第i个能源企业样本在第t年的规模，$\omega_{i,t}$表示要加入的其他控制变量所组成的向量集。α_0为常数项，α_1、α_2、α_3、α_4为对应变量的回归系数，$\varepsilon_{i,t}$为随机扰动项。

在进行回归分析之前，先对关键解释变量的符号进行讨论，以便与回归结果进行对比和解释模型的结论和意义。

表3　解释变量系数符号与经济意义

解释变量系数	符号	经济含义
α_2	+	能源企业研发强度越大，利润越高。
α_2	−	能源企业研发强度越小，利润越低。
α_2	不存在	能源企业研发强度与利润之间，无相关性。
α_3	+	能源企业规模越大，利润越高。
α_3	−	能源企业规模越小，利润越低。
α_3	不存在	能源企业规模与利润之间，无相关性。

在对模型（1）进行估计之前，我们对各样本能源企业研发强度、能源企业规模与能源企业利润做了如图1和图2的散点图分析，其中横轴分别表示能源企业研发强度、能源企业规模，纵轴表能源企业利润。从图1和图2可以看出，能源企业研发强度与能源企业利润之间存在着明显正相关关系，即能源企业研发强度增加，能源企业利润也会增加；能源企业规模与能源企业利润正相关，也就是能源企业规模增加，企业利润也会增加。

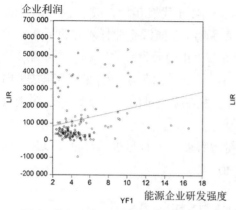

图1　能源企业研发强度与企业利润　　　　**图2　能源企业规模与企业利润**

第三节　实证结果分析

（一）　回归检验

作者使用 EViews6.0 进行计量分析，主要进行了四个方面的研究，一是进行能源企业研发强度、规模大小对利润的影响估计分析；二是进行格兰杰因果检验；三是进行内生性讨论；四是进行熊彼特关于规模促进创新假说的检验。表4是在不考虑控制变量的情况下，基于模型（1）的估计结果。

表4　能源企业研发强度、规模大小对企业利润的影响估计

变量	混合回归模型	固定效应模型	随机效应模型
$yf_{i,t}$	4 584.682** （2 284.755）	−8 804.617 （7 746.323）	1 571.264 （3 151.264）
$zch_{i,t}$	0.014 705 （0.002 184）	0.037 797*** （0.005 767）	0.014 625*** （0.001 806）
$lir_{i,t-1}$	0.407 283*** （0.088 039）	−0.371 404*** （0.114 917）	0.397 967*** （0.073 152）

注：*** 表示显著性水平为 1%，** 表示显著性水平为 5%，* 表示显著性水平为 10%，括号内为标准差。

表 4 显示，在混合回归模型中，在 5% 的显著性水平，研发强度与能源企业利润呈正相关性，即能源企业研发强度越大，能源企业利润越大。研发强度每增加 1%，能源企业利润增加 45.846 82 万元。

在固定效应模型中，即使在 10% 的显著性水平，研发强度系数与能源企业利润系数也不显著。在 1% 的显著性水平，能源企业规模与能源企业利润呈正相关性，即能源企业规模越大，能源企业利润越大。能源企业规模每增加 1 万元，能源企业利润增加 0.037 797 万元。

在随机效应模型中，即使在 10% 的显著性水平，研发强度系数与能源企业利润系数也不显著。在 1% 的显著性水平，能源企业规模与能源企业利润呈正相关性，即能源企业规模越大，能源企业利润越大。能源企业规模每增加 1 万元，能源企业利润增加 0.014 625 万元。

三种回归方式，都表明能源企业规模越大，能源企业利润越大。但能源企业研发强度系数在混合回归模型中显著，即能源企业研发强度越大，能源企业利润越大，而在固定效应模型和随机效应模型中都不显著。

在考虑控制变量 syz、qy、ybq、ren 的情况下，对模型（1）进行回归分析。也就是在考虑能源企业所有制、能源企业的区位、能源企业按规模排名是否属于一百强、能源企业人数这些因素的时候，分析能源企业研发强度、规模大小对能源企业利润的影响，分析结果见表 5。

表 5　能源企业研发强度、规模大小对能源企业利润的影响估计

变量	混合回归模型	固定效应模型	随机效应模型
$yf_{i,t}$	1 330.660 （3 441.687）	837.512 3 （3 724.000）	522.519 5 （3 190.630）
$zch_{i,t}$	0.012 857 *** （0.003 028）	0.012 009 *** （0.002 982）	0.012 879 *** （0.002 547）
$lir_{i,t-1}$	0.312 742 *** （0.093 207）	0.332 013 （0.096 110）	0.311 933 *** （0.078 406）

续表

变量	混合回归模型	固定效应模型	随机效应模型
$syz_{i,t}$	−25 560.85 (22 351.39)	−25 654.50 (21 866.98)	−26 968.36 (18 943.93)
$qy_{i,t}$	3 584.029 (13 527.86)	1 605.587 (14 260.46)	689.566 5 (12 351.42)
$ybq_{i,t}$	72 538.24** (32 667.21)	75 387.94 (32 937.87)	74 438.80*** (27 657.19)
$ren_{i,t}$	−0.037 617 (0.082 252)	−0.015 903 (0.081 060)	−0.041 688 (0.069 509)

注:*** 表示显著性水平为 1%,** 表示显著性水平为 5%,* 表示显著性水平为 10%,括号内为标准差。

表 5 显示,在考虑能源企业所有制、能源企业的区位、能源企业按规模排名是否属于一百强、能源企业人数这些控制变量的情况下,能源企业规模在混合回归模型、固定效应模型、随机效应中,在 1% 的显著性水平下,显著不为零,且都为正,充分表明了随着能源企业规模的扩大,能源企业利润也会增加。但是,研发强度系数在三种回归分析中,即使在 10% 的显著性水平,也不显著。在这些控制变量中,变量 $ybq_{i,t}$ 的系数在 5% 的显著性水平,在三种回归分析中都显著不为零,且为正。

(二)格兰杰因果检验

表 6　格兰杰因果检验结果

原假设	F 统计量	P 值
能源企业研发强度不是能源企业利润的格兰杰原因	3.978 38	0.020 8
能源企业利润不是能源企业研发强度的格兰杰原因	0.087 41	0.916 3
能源企业规模不是能源企业利润的格兰杰原因	4.442 46	0.013 4
能源企业利润不是能源企业规模的格兰杰原因	5.790 76	0.003 8
能源企业规模不是能源企业研发强度的格兰杰原因	0.468 27	0.627 0
能源企业研发强度不是能源企业规模的格兰杰原因	1.474 89	0.232 2

表6显示，在5%的显著性水平，研发强度是能源企业利润的格兰杰原因，但是能源企业利润的变化，不是研发强度变化的格兰杰原因。即研发强度与能源企业利润之间，存在单向因果关系，说明我国能源企业完全可以通过提高研发强度来增加能源企业利润。同时也说明，我国能源企业在增加利润的同时并没有相应提高能源企业研发强度，是我国能源企业研发强度水平整体不高的一个原因。因而，我国能源企业的研发强度有较大的提升的空间。我国能源企业增加利润的一个可行路径是不断增加能源企业研发强度。

在5%的显著性水平，能源企业规模的变化是能源企业利润变化的格兰杰原因，同时能源企业利润的变化也是能源企业规模变化的格兰杰原因。即能源企业规模与能源企业利润之间存在双向因果关系，这充分反映出我国能源企业进行的外延式发展道路，不重视内涵式发展。

能源企业规模与研发强度即使在10%的显著性水平，互不存在因果关系。这充分说明，规模大的能源企业，研发强度不一定大，规模小的能源企业研发强度也不一定小。一个可能的解释是，规模大的能源企业，虽然有雄厚的资金进行技术研发活动，但是如果进行技术研发活动的未来利润的贴现值小于现在进行技术研发的成本，则能源企业也不会进行技术研发活动。因而，规模大的能源企业，研发强度不一定大；而规模小的能源企业，担心被市场淘汰，有可能结合自身的优势进行积极的技术研发活动，因而规模小的能源企业的研发强度不一定小。

（三）内生性讨论

在研究能源企业研发强度、规模大小与能源企业利润的关系时，一个重要的问题是研发强度、规模大小和能源企业利润可能不是严格外生的变量，即能源企业利润与研发强度、规模大小是相互决定的：规模越大的能源企业，利润越大；利润越大的能源企业，规模越大；研发强度越大的能源企业，利润越大；利润越大的能源企业，研发强度越大。为解决这个问题，作者将滞后一期的研发强度即 yf1（-1）替代 yf，将滞后一期的能源企业规模即 zch（-1）替代 zch，然后进行回归检验，估计结果见表7。

表7 滞后一期的能源企业研发强度、规模大小对能源企业利润的影响估计

变量	混合回归模型	固定效应模型	随机效应模型
$yf_{i,t}(-1)$	6 499.058*** (2 311.311)	2 593.365 (9 613.444)	5 664.449 (3 734.891)
$zch_{i,t}(-1)$	0.014 972*** (0.002 796)	0.009 764 (0.010 891)	0.014 891 (0.002 829)
$lir_{i,t-1}$	0.434 630 (0.094 781)	-0.002 311 (0.147 630)	0.433 144*** (0.095 543)

注：*** 表示显著性水平为 1%，** 表示显著性水平为 5%，* 表示显著性水平为 10%，括号内为标准差。

表7显示，在混合回归模型中，滞后一期的 zch 的系数为正，且在 1% 的显著性水平，不为零。在考虑了内生性问题后，能源企业规模变量系数的估计值显著性与前面的估计结果相一致，表明能源企业规模对利润的影响具有相当的稳健性。在混合回归模型中，滞后一期的 yf1 的系数为正，在 1% 的显著性水平，不为零。在随机效应模型中，滞后一期的 yf1 的系数即使在 10% 的显著性水平也不显著，这与表4的估计结果相一致。

（四）能源企业规模与研发强度关系的分析

在考虑控制变量 qy、ybq、syz、lir、ren 的情况下，采用动态面板数据模型，研究能源企业规模对企业研发的影响，检验结果见表8。

表8 能源企业规模对企业研发强度的影响估计

变量	混合回归模型	固定效应模型	随机效应模型
$yf_{i,t-1}$	0.771 785*** (0.053 144)	0.729 374*** (0.057 210)	0.731 445*** (0.043 924)
$zch_{i,t}$	1.79E-08 (5.18E-08)	3.34E-08 (5.20E-08)	2.03E-08 (3.91E-08)

变量	混合回归模型	固定效应模型	随机效应模型
$lir_{i,t}$	$-1.10E-06$ ($1.51E-06$)	$4.71E-07$ ($1.54E-06$)	$-1.16E-06$ ($1.14E-06$)
$syz_{i,t}$	$-0.110\,355\,6$ ($0.362\,934$)	$-0.199\,307$ ($0.359\,547$)	$-0.184\,071$ ($0.275\,988$)
$qy_{i,t}$	$0.241\,104$ ($0.219\,458$)	$0.061\,055$ ($0.235\,361$)	$0.076\,591$ ($0.180\,949$)
$ybq_{i,t}$	$0.207\,627$ ($0.538\,002$)	$0.073\,240$ ($0.545\,466$)	$0.314\,782$ ($0.409\,007$)
$ren_{i,t}$	$6.91E-07$ ($1.34E-06$)	$4.03E-08$ ($1.33E-06$)	$4.46E-07$ ($1.01E-07$)

注：*** 表示显著性水平为 1%，** 表示显著性水平为 5%，* 表示显著性水平为 10%，括号内为标准差。

表 8 显示：在混合回归模型、固定效应模型和随机效应模型分析中 zch 的系数都不显著。这充分说明，能源企业规模对研发强度几乎没有影响。也没有出现研发强度随着能源企业规模的扩大而增加的现象，同时与格兰杰因果检验的结论也相一致。据此，熊彼特的创新理论中关于规模促进创新的假说在本章的研究中未被证实。

第四节　本章小结

本章运用动态面板数据模型并利用中国能源企业数据在企业层面上实证检验了能源企业规模与企业利润呈正相关关系，但是能源企业研发强度在混合回归中对能源企业利润有显著的正影响，而在固定效应模型及随机效应模型分析中则不显著。在考虑内生性问题后，研究的结论也没有发生变化。格兰杰因果检验表明：能源企业研发强度是能源企业利润的格兰杰原因，而能源企业利润不是能源企业研发强度的格兰杰原因；能源企业规模与能源企业利润之间互为格兰杰因果关系。能源企业的规模与能源企业研发强度之间不存在格兰杰因果关系，同时由于在混合回归模型、固定效应模型和随机效应模型分析中，能源企业规模对研发强度的影响都呈现出不显著性。也就是能源企业的研发强度不会随着能源企业规模的扩大而增加，据此熊彼特的新理论中关于规模促进创新的假说在本章没有得到证实。根据研究结论，我们提出如下政策建议。

第一，目前我国能源企业走的是外延式的发展道路，即通过不断扩大规模来增加利润，同时增加的利润中有相当比重用来扩大能源企业规模。根据本章的研究结论：在能源企业实现利润最大化前，研发强度与能源企业利润正相关。目前，我国能源企业整体研发强度比较低，我国能源企业完全可以转向内涵式的发展道路，即在保持现有规模的状况下扩大研发投资和不断进行技术创新和提高产品质量来获取利润。而不是在保持现有低水平研发强度的状况下去扩大能源企业规模。

第二，很多能源企业不愿意扩大研发投资的一个重要原因是研发周期通常比较长，研发投入缺乏短期效益，增加了近期成本开支压力。同时还担心其他企业也在进行同样的技术研发活动，如果其他能源企业也在进行同样的技术研发，一旦其他能源企业最先获得研发成果，那么最先进行研发活动能源企业的投入成本就很难收回。因此，政府应采取多种措施鼓励能源企业进行多领域的技术创新，以减少或避免研发成果的"撞车"。行业协会也可以发挥一定的作用，协调企业间的技术研发活动。

第三，熊彼特创新理论中关于规模促进创新的假说在本章未被证实，充分说明能源企业的技术创新活动不必局限于大规模能源企业，小规模能源企业也是进行技术创新活动的生力军。同时，可以让大规模能源企业的创新活动与小规模能源企业的创新活动相得益彰。

第四，采取多种措施，提高我国能源企业的创新水平。政府应该采取税收、利率等优惠措施促进能源企业的研发活动，同时也要鼓励国外的研发机构迁移到中国来，使之产生技术外溢效益。政府还应积极鼓励我国企业的研发人员到外国研发机构进行定期学习和培训，逐步缩小与发达国家技术水平的差距。能源企业的研发活动，最终落实到人的身上，因此政府还要加大对基础科学的投入力度，不断提升我国的高等教育水平，从而为能源企业输送高素质、高水平的研发人员。

第五，加强知识产权保护。这是鼓励能源企业加强研发投入的根本性措施。要让注重研发的能源企业从研发成果中获得应得的利益，而不能让没有从事研发的能源企业"搭便车"，破坏研发的氛围。加强知识产权的保护，并不是保护跨国公司的利益，而是保护我国企业健康发展的未来。没有知识产权保护，就没有创新研发的动力，而没有创新研发动力，就难以形成企业核心竞争力，也无法从整体上实现国家经济增长方式的转变。

矿产资源对我国经济增长的约束性估计[1]

第一节　文献回顾

　　矿产资源对经济增长的约束性问题是我国宏观经济运行中面临的一个重大现实问题，缓解矿产资源对我国经济增长的约束已刻不容缓。矿产资源对经济增长约束性大小的计算，是学术界研究的难点问题，也是学术界研究的热点问题，国内外学者进行了相应的理论及实证研究工作。

　　如果市场是有效的，资源约束的强弱表现为价格的高低。李钢、陈志、金碚、崔云（2008）运用中国 2001 年至 2006 年进出口数据估算了中国矿产资源对经济的约束大小。研究表明：矿产资源对我国经济的短期约束不断增加，2006 年、2007 年对经济增长的约束分别为 4.96%、5.74%。矿产资源对经济增长的长期约束大约为 0.23%。朱红章、王学军（2006）认为我国粗放型的经济增长方式造成了资源的过度开采及资源的短缺，我国经济的持续增长面临资源的瓶颈约束。吕铁（2004）研究指出矿产资源对我国经济发展的保障作用不断降低，中国经济面临的矿产资源约束越来越大。隗斌贤（1996）运用系统动力学中的 DSN-MC 模型方法估算了能源对我国经济增长的制约程度。研究表明：能源对我国经济增长的制约程度在 1995 年、2000 年、2010 年、2020 年、2030 年、2040 年、2050 年分别为 18.9%、18.6%、15.1%、11.2%、15.6%、18.1%、20.2%。

　　Denis Mead-Ows 和 Mesarovic 将能源作为经济增长的制约因素加以系

---

〔1〕　本章内容发表于李鹏：《经济增长、环境污染与能源矿产开发的实证研究》，上海社会科学院出版社 2016 年版。

统分析。Stiglitz（1974）认为足够大的技术进步可以抵消资源耗竭的效果，经济的平衡增长路径仍然存在，而且技术进步越大，经济的平衡增长率越大。Grimaud 和 Rouge（2003）研究了不可再生资源对经济增长的影响，研究表明：当研发投入足够大时，人均产出具有正的增长率是可能的。Sweendy 和 Klavers（2007）研究表明：不可再生资源只是影响经济增长的因素之一，在一定技术条件下可以被其他要素所替代，即使不可再生资源的总量有限，经济还是可以实现平衡增长。Warner（1997）和 Glyfason（2001）研究了自然资源与经济发展之间的关系，研究表明：在技术外生的条件下，不存在稳定的平衡增长路径，自然资源与经济发展之间存在负相关关系。

第二节　矿产资源对经济增长存在约束性的证明

一、研究设计

（一）模型设定

设定生产函数为

$$Y = K^{\alpha}(AL)^{\beta}R^{1-\alpha-\beta} \tag{1}$$

其中 Y 为产量，K 为资本投入量，A 为知识投入量，L 为劳动投入量，AL 可以称之为有效劳动，R 为矿产资源投入量。α 为所有要素投入中资本投入所占的份额，β 为所有要素投入中有效劳动的投入份额，$1-\alpha-\beta$ 为所有要素投入中矿产资源的投入份额。一般有：$\alpha > 0$，$\beta > 0$，$\alpha + \beta = 1$。

生产要素的变动方程为：

$$\dot{K} = sY - \delta K \tag{2}$$

$$\dot{A} = gA \tag{3}$$

$$\dot{L} = nL \tag{4}$$

$$\dot{R} = -\theta R \tag{5}$$

其中 $s > 0$，$\delta > 0$，$g > 0$，$n > 0$，$\theta > 0$。

（2）的经济学含义：产量中用于储蓄的部分将导致资本总量的增加，

资本的折旧将导致资本总量的减少。（3）的经济学含义：知识的增长率为 g。（4）的经济学含义：劳动的增长率为 n。（5）的经济学含义：由于矿产资源的不可再生性，产量中对矿产资源的投入使用必然导致矿产资源总量的减少，矿产资源总量的减少率为 θ。

（二）模型求解

结合（1）、（2）、（3）、（4）、（5），可解得经济处于稳态时人均产量的增长率为：

$$g_{Y/L} = \frac{\beta g - \gamma n - \gamma \theta}{\beta + \gamma} \tag{6}$$

其中，$g_{Y/L}$ 表示稳态时人均产量的增长率，$\gamma = 1 - \alpha - \beta$。

根据（6）可得：

$$\frac{\partial g_{Y/L}}{\partial \theta} < 0 \tag{7}$$

（7）对应的经济学含义：表示稳态时经济的增长率与矿产资源的消耗速率负相关。一般而言，当一种要素投入减少时，导致了经济增长率的下降，说明该要素对经济增长有约束作用；当一种要素投入减少时，不会导致经济增长率的下降，说明该要素对经济增长没有约束。

由（5）可知，只要 $\theta > 0$，矿产资源的投入量就会不断减少。再结合（7）可知，经济增长率与 θ 负相关，这说明了矿产资源投入量的减少会导致经济增长率的下降，因此，矿产资源对经济增长存在约束性。

二、矿产资源对中国经济增长约束性大小的计算

（一）模型假设

假设1：本国进口支出会导致本国经济总量的减少。

假设2：本期进口支出会导致本期经济总量的减少。

假设3：上期进口支出会导致本期经济总量的减少，其他各期进口支出不会导致当期经济总量的减少。

假设4：由于乘数效应，上期进口支出会导致本期经济总量的减少量是上期进口支出数量的若干倍。

（二）数理模型设定

考虑两期的基本宏观恒等式，设当期进口支出增加 $\delta\Delta C_t$ ，上期进口支出增加 ΔC_{t-1} ，当期减少的经济总量为 $\delta\Delta Y_t$ ，边际消费倾向为 a ，消费乘数为 K_1 ，投资乘数为 K_2 。

$a\Delta C_{t-1}$ 表示上期进口支出中用于消费的部分，$(1-a)\Delta C_{t-1}$ 表示上期进口支出中用于投资的部分。

$$\Delta Y_t = \Delta C_t + K_1 a \Delta C_{t-1} + K_2(1-a)\Delta C_{t-1} \tag{8}$$

（8）中 ΔC_t 表示本国本期进口支出增加导致本国本期经济总量。$K_1 a \Delta C_{t-1}$ 所表示的经济学含义是：本国上期进口支出中用于消费的部分在消费乘数的作用下会导致本国本期经济总量的减少量。$K_2(1-a)\Delta C_{t-1}$ 所表示的经济学含义是：本国上期进口支出中用于投资的部分在投资乘数的作用下会导致本国本期消费总量的减少量。

（8）化简得：

$$\Delta Y_t = \Delta C_t + \left[(K_1 - K_2)a + K_2\right]\Delta C_{t-1} \tag{9}$$

实际中消费乘数与投资乘数大小近似相等，即：

$$K_1 - K_2 \approx 0 \tag{10}$$

因此，（9）可简化为：

$$\Delta Y_t = \Delta C_t + K_2 \Delta C_{t-1} \tag{11}$$

（三）矿产资源对中国经济增长约束性大小的估算

1. 中国矿产资源进出口数据分析

基于数据的可得性，本章以矿产品进出口数据来近似表示矿产资源进出口数据。表1为中国矿产品相关数据。表1显示出，除2009年外，我国矿产品净进口金额在2002年至2011年间总体上呈现不断增加的状况，说明了中国矿产品对我国经济的保障作用总体上在不断减弱，我国经济发展所需的矿产品对外依赖性不断增强。

表 1　中国矿产品相关数据

年份	矿产品进口金额 （单位：亿美元）	矿产品出口金额 （单位：亿美元）	矿产品净进口金额 （单位：亿美元）
2002	244.78	98.39	146.39
2003	377.03	127.35	249.68
2004	671.01	165.73	505.28
2005	922.93	202.20	720.73
2006	1 235.38	213.92	1 021.46
2007	1 620.82	235.88	1 384.94
2008	2 613.05	364.86	2 248.19
2009	1 968.86	227.66	1 741.2
2010	3 030.28	303.75	2 726.53
2011	4 322.49	362.88	3 959.61

注：中国矿产品净进口金额根据当年人民币汇率中间价折算而来。数据来源：历年《中国统计年鉴》。

2. 关于中国投资乘数大小的估计

对中国投资乘数大小的估计，学术界并未达成共识，但大致范围为 1.5 至 6 之间。本章以李钢、陈志、金碚、崔云在 2008 年《财贸经济》第 7 期发表的《矿产资源对中国经济增长约束的估计》一文中估计的中国投资乘数为 2 进行相关计算。

3. 矿产资源对中国经济增长约束性大小的计算结果

表 2　矿产资源对中国经济增长约束性大小的估算

年份	ΔC_t（亿元）	ΔC_{t-1}（亿元）	ΔY_t（亿元）	GDP（亿元）	ΔY_t 占GDP 的比例
2003	2 067	1 212	4 491	135 823	3.3%
2004	4 182	2 067	8 316	159 878	5.2%

续表

年份	ΔC_t（亿元）	ΔC_{t-1}（亿元）	ΔY_t（亿元）	GDP（亿元）	ΔY_t 占 GDP 的比例
2005	5 904	4 182	14 268	184 937	7.7%
2006	8 143	5 904	19 951	216 314	9.2%
2007	10 531	8 143	26 817	265 810	10.1%
2008	15 614	10 531	36 676	314 045	11.7%
2009	11 894	15 614	43 122	340 903	12.6%
2010	18 457	11 894	42 245	401 513	10.5%
2011	25 574	18 457	62 488	472 881	13.2%

数据来源：根据公式（4）计算得来。

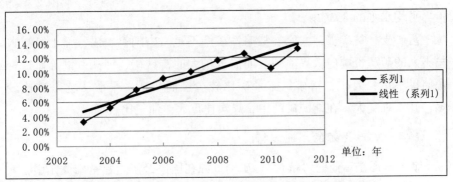

图 1 矿产资源对我国经济增长约束的大小的散点图及拟合线

　　表 2 为矿产资源对中国经济增长约束性大小的计算结果。2003 年矿产资源对中国经济增长的约束性为 GDP 的 3.3%，2005 年为 GDP 的 7.7%，2007 年为 GDP 的 10.1%，2009 年为 GDP 的 12.6%，2011 年为 GDP 的 13.2%。图 1 为矿产资源对我国经济增长约束大小的散点图及拟合线。表 2 及图 1 显示出 2003 年至 2011 年矿产资源对中国经济增长的约束总体上呈不断增强的趋势，矿产资源对中国经济增长的约束在 2007 年之前小于 10%，而在 2007 年之后大于 10%。

第三节　矿产资源对中国经济增长约束的影响机制分析

一、矿产资源状况描述

（一）中国矿产资源状况描述

总量丰富、矿种齐全，但人均不足。据《中国矿产资源报告（2013）》数据显示，在我国 45 种主要矿产品中有 24 种名列世界前三位。钨、锡等 12 种矿产品居世界第一，煤、钒等 7 种矿产品居世界第二位，汞、硫等 5 种矿产品居世界第三位。到 2010 年，我国已经发现 171 种矿产资源，查明储量的有 159 种。已探明矿产储量位居世界前三位，但由于我国人口众多，矿产资源人均探明储量居世界第 53 位。煤炭人均占有量为世界平均水平的 70.9%；石油人均占有量为世界平均水平的 7.7%；天然气人均探明储量为世界平均水平的 8.3%。

富矿少、贫矿多，大宗、战略性矿产不足。中国钨、锡、稀土等需求量不大的矿产资源居世界前列，而需求量大的富铁矿、钾盐、铜等矿产资源储量不足。大矿、富矿、露采矿比较少，而小矿、平矿、坑采矿比较多，开采难度大。在能源矿产中，煤炭比重大，油气比重小。

（二）矿产资源的用途分析

矿产资源是工业的"粮食"。矿产资源在国民经济中起基础性作用，人类 80% 以上的工业原料和近 90% 的能源来源于矿产资源。对于我国而言，工业原料消耗量的 90% 以上来源于矿产资源，每年消耗的能源中 94% 以上来源于矿产资源，70% 以上的农业生产资料来源于矿产资源，30% 以上的生活用水取自矿产资源，矿产资源影响着占产值 90% 左右的其他产业的发展。

二、矿产资源对中国经济增长的制约作用分析

1. 矿产资源对我国经济增长的制约作用的表现形式

矿产资源对我国经济增长的制约作用直接表现为工业所用矿产资源的不足所导致的实际 GDP 低于潜在 GDP。矿产资源对我国经济增长的制约

作用的拉大表现为：工业所用矿产资源缺口越大，实际 GDP 低于潜在 GDP 的缺口也越大。矿产资源对我国经济增长的制约作用缩小表现为：工业所用矿产资源缺口越小，实际 GDP 低于潜在 GDP 的缺口也越小。

2. 矿产资源对我国经济增长的制约作用的形成过程分析

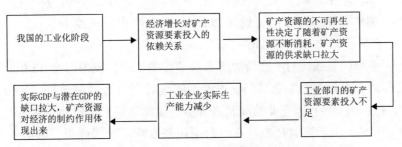

图 2 矿产资源对我国经济增长的制约作用的影响机制逻辑图

图 3 为中国工业化阶段与矿产资源需求量之间的关系。图 3 显示出：1949 年之前为工业化前阶段，该阶段我国对矿产资源需求量基本保持不变；1949 年至 2003 年为工业化初期阶段，该阶段我国对矿产资源需求量呈不断增加的状态；2003 年至 2050 年为工业化全面发展阶段，该阶段我国对矿产资源需求量呈不断增加的状态，而且达到最大值。2050 年以后，我国对矿产资源需求量呈不断下降状态。

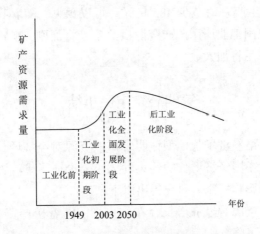

图 3 中国工业化阶段与矿产资源需求量的关系

矿产资源的不可再生性及我国对矿产资源消费的不断增加是导致我国矿产资源存在供求缺口的主要原因。可以预计，随着我国对矿产资源消费量的不断增大，我国矿产资源的供求缺口将不断增大。根据李士彬等在《我国矿产资源综合利用分析及对策研究》一文的研究，预计到 2020 年，我国能源矿产中石油、天然气的自给率为 42% 和 57%，钨、锡、钼、锑、萤石、重晶石等，其可供储量对 2020 年需求的保证程度分别仅为 89%、35%、85%、55%、15%、26%。

工业部门是我国对矿产资源需求量最大的部门，我国每年 70% 以上矿产资源的需求量来自工业部门。根据国家统计局官方网站数据，2009 年、2010 年、2011 年我国工业的能源消费量占能源消费总量比重分别为 71%、71%、71%。由于我国对矿产资源的使用采取满足民用优先，然后才是用于工业使用。随着我国矿产资源供求缺口的不断增大以及我国工业化进程的不断推进，我国工业部门对矿产资源的需求将不能完全得到满足，从而出现工业部门要素投入不足的状况。

工业部门的矿产资源要素投入不足直接导致工业企业的实际生产能力的下降。矿产资源在经济社会发展中，处于社会产业链的最前端，具有广泛的传递功能和辐射效应。据测算，矿产资源要素不足所引起的工业产值损失大约为产值本身的 20 倍~60 倍。工业产值损失直接导致 GDP 的减少，从而导致实际 GDP 小于潜在 GDP。日本在 1974 年的世界能源危机中缺能 0.6 亿吨，国内生产总值减少 485 亿元。可以预见，随着我国工业化进程的不断推进，我国工业所用矿产资源供给不足将加剧，矿产资源对我国经济增长的制约作用将加大。

第四节　本章小结

本章采用索洛经济增长模型证明了矿产资源对经济增长存在约束，估算了矿产资源对中国经济增长的约束性大小，论证了矿产资源对中国经济增长形成约束的影响机制。研究得出以下结论：

第一，矿产资源对经济增长存在约束性。随着矿产资源的不断消耗，经济的增长率会下降。

第二，2003 年至 2011 年矿产资源对我国经济增长的约束分别为

3.3%、5.2%、7.7%、9.2%、10.1%、11.7%、12.6%、10.5%、13.2%。在 2003 年至 2011 年间，矿产资源对我国经济增长约束总体上呈不断增强趋势。

第三，矿产资源对中国经济增长形成约束的表现形式为矿产资源供给不足所产生的实际 GDP 小于潜在 GDP。我国正处于工业发展的中后期阶段，工业对矿产资源的需求不断增加，而矿产资源供给的有限性，决定了矿产资源的供求缺口不断扩大，矿产资源要素不足所引起的工业产值损失大约为产值本身的 20 倍~60 倍，从而导致实际 GDP 小于潜在 GDP。

根据研究结论，本章提出如下政策建议：

第一，转变经济增长方式，走集约型经济增长的道路。粗放型的经济增长方式意味着经济的高速增长依赖于要素的大量投入，尤其是矿产资源的大量投入。而集约型的经济增长方式，将大大降低经济发展过程中对矿产资源要素投入的依赖。随着经济发展过程中对矿产资源要素投入的依赖程度的降低，将减弱矿产资源对经济增长的约束。

第二，依靠技术进步推动经济增长，不断减少生产中矿产资源的投入量。鼓励创新活动，推动技术进步。随着技术对矿产资源要素投入的不断替代和产量中技术要素的投入量的不断增加，产量中矿产资源要素的投入量将不断减少，矿产资源对经济增长的约束将不断减弱。

第三，不断加大探矿力度、大力发展循环经济，加大矿产资源保障力度，缓解矿产资源对我国经济增长的约束。加大探矿力度不仅会发现新的矿产资源，还会使得以前不具有开采价值的矿产资源得到开采，从而有力缓解我国矿产资源供给不足的局面。大力发展循环经济，可以让矿产资源开发过程中的环境污染物变废为宝，间接增加矿产资源的供给。

能源消费与我国的经济增长的实证研究

——基于动态面板数据的实证分析[1]

第一节　引言

我国目前属于世界第二大经济体，能源消费问题一直是我国经济发展中关系国计民生的重大战略问题。能源消费对我国经济健康、可持续运行具有重要影响。我国是一个人均能源拥有量非常匮乏的国家，然而我国目前却是世界上第一大能源消费大国。据《中国统计年鉴 2011》数据显示：从 1992 年开始，我国能源消费量大于我国能源生产量，1992 年能源消费量为 109 170 万吨标准煤，能源生产量为 107 256 万吨标准煤；2010 年能源消费量为 324 939 万吨标准煤，能源生产量为 296 916 万吨标准煤。缓解能源供需矛盾是我国现阶段面临的一项重大现实问题。

1973 年、1979 年、1990 年的三次全球范围内的石油危机，给全球经济带来许多负面影响，导致全球经济增速的下降。2008 年的全球金融危机期间，世界经济增速下降，而能源消费量增速也不断下降。当世界经济处于复苏阶段时，能源消费量增速也不断上升。改革开放以来，我国经济快速发展，能源消费量也不断增加。1978 年的人均国内生产总值为 381 元，1990 年为 1 644 元，2000 年为 7 858 元，到 2010 年为 29 992 元。相应的能源消费量为 1978 年 57 144 万吨标准煤，1990 年为 98 703 万吨标准煤，2000 年为 145 531 万吨标准煤，2010 年为 324 939 万吨标准煤。图 1 为我国 1980 年至 2010 年人均国内生产总值和能源消费量数据的折线散点图，

---

〔1〕　本章内容发表于《经济管理》期刊，2013 年第 1 期，作者：李鹏。

显示出两者相同的变化趋势。

影响能源消费的因素有很多，但最基本因素主要有三大类。一是经济发展水平，二是能源经济管理体制，三是能源利用效率。本章主要研究我国能源消费与经济增长之间的相互影响关系及各期能源消费的相互依存关系，也是能源经济学领域研究的核心问题之一。

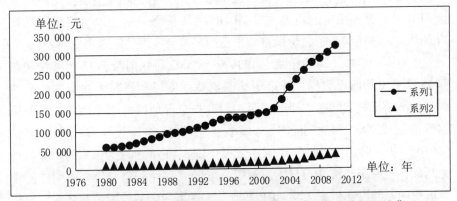

图1　我国能源消费与人均 GDP 的折线散点图，系列 1 代表能源消费，
系列 2 代表人均 GDP。

第二节　文献回顾

国内外学者对能源消费与经济增长的关系进行了大量的研究，主要采取面板数据和时间序列数据进行相关实证分析。研究内容主要集中于能源消费与经济增长的长期均衡关系、能源消费强度的收敛性、相互影响关系。

林伯强（2003）应用协整和误差修正模型技术研究了我国电力消费同经济增长的关系，结果表明：在 GDP、资本、人力资本以及电力消费之间存在着长期的协整均衡关系，并对效率和能源需求等进行了中长期的预测。李晓嘉、刘鹏（2009）以 1980 年~2006 年中国的时间序列数据为基础，运用协整分析和状态空间模型研究经济增长与能源消费的关系。研究表明：经济增长与能源消费是同向增长的，相对于产出的能源利用效率在不断提高。程波（2011）基于 1980 年至 2009 年的时间序列数据，采用协整和误差修正模型分析了湖北的经济增长与能源消费之间的关系。研究表明：经济增长与能源消费是非线性的，能源消费的波动来自第二和第三产业。胡军峰、赵晓丽、欧阳超（2011）运用面板协整理论研究了北京市能源消费与经济增长的关系。研究表明，北京市能源消费与经济增长之间存在协整关系。陈正（2011）基于1978年至2008年我国能源消费与GDP的时间序列数据，研究了能源消费与经济增长的关系。研究表明：能源消费与GDP之间存在稳定的协整关系，GDP的增长是引起能源消费总量增加的原因，文章还构造了二阶误差修正模型来预测我国的能源消费总量。

齐绍洲、罗威（2007）基于1995年至2002年我国西部15个省份和东部15个省份的面板数据，并运用能源消费强度模型研究了我国的能源消费、经济增长收敛问题。研究表明：西部与东部地区的能源消费强度差异收敛的速度慢于两大地区经济增长差异收敛的速度。齐绍洲、李锴（2010）以1991年至2005年10个发展中国家和10个发达国家的面板数据为基础，研究了经济增长与能源消费强度的收敛性问题。研究表明：随着发展中国家与发达国家人均GDP的收敛，两者之间的能源消费强度差异也是收敛的，并且收敛的速度快于人均GDP的收敛速度。研究还表明，发展中国家的能源使用效率低于发达国家。籍艳丽（2011）以1980年~2009年的面板数据分析了金砖五国经济增长与能源消费的收敛性问题。研究表明：短期内金砖五国都存在收敛性，但是长期只有中国和巴西存在收敛性。Paresh Kumar Narayan，Russell Smyth 和 Arti Prasad（2007）在分析欧盟东扩后不同成员国能源禀赋差异对欧盟经济的影响时，得出了欧盟新老成员国之间的能源消费强度存在收敛的结论。Fisher-Vanden，K.，Jefferson，G. H.，Liu，H. M.，Tao，Q.（2004）在大量工业企业数据的基础上，运用面板计量方法，得出了1997年~1999年间促使中国能源消费强度下降的因素为能源相对价格的上升、能源 R&D 支出、企业产权改革以及中国的产业结构调整等。

贾功祥、谢湘生（2011）运用1997年至2009年中国29个省市地区的面板数据分析了经济增长与能源消费的动态关系。研究表明：经济增长与能源消费的相互作用表现出非对等性。能源总量的消费对经济增长波动的影响比较显著。王火根、沈利生（2007）运用空间面板数据模型研究了我国的经济增长与能源消费问题。研究表明，省域之间的经济增长与能源消费之间存在空间相关性。赵进文、范继涛（2007）运用非线性 STR 模型分析了我国能源消费与经济增长的内在依从关系。研究表明：我国经济增长对能源消费具有非线性、非对称性、阶段性特征；在 1956 至 1976 年间，呈现明显的非线性特征；在 1977 至 2005 年间，则呈现明显的线性特征。当经济增长率不超过 18.04% 时，经济增长对能源消费的影响具有稳定性，而当经济增长率超过 18.04% 时，能源消费的增长速度超过经济增长的速度。王新宇、姚梅（2007）采用中国 1978 年至 2003 年的时间序列数据研究了经济增长与能源消费的因果关系。研究表明：存在经济增长到能源消费的单向格兰杰因果关系。牟敦国（2008）认为我国存在经济增长到能源消费的单向格兰杰因果关系，我国当前的能源消费问题主要体现在经济增长拉动能源消费方面。Kraft. J、Kraft. A（1978）进行了开拓性的研究。他们利用 1947 年～1974 年间美国年度数据进行的研究表明，存在 GNP 到能源消费的单向因果关系，经济增长将带动能源消费。Stern D. I（1993）按燃料构成对最终能源消费测量数据进行调整，发现存在能源消费到 GDP 的单向 Granger 因果关系。Hwang 和 Gum（1992）在对中国台湾地区数据的检验中发现存在能源和 GDP 之间的双向因果关系。Mehmet Balcilar、Zeynel Abidin Ozdemir、Yalcin Arslanturk（2011）以希腊 1960 年～2004 的时间序列数据分析了能源消费与经济增长的关系。研究表明：希腊能源消费与经济增长之间存在单一因果关系。Ansgar Bellke、Frauke Dobnik、Christian Dreger（2011）采用 OECD 国家 1981 至 2007 年的面板数据研究了经济增长与能源消费的关系。研究表明，能源消费与经济增长之间存在双向因果关系。Russell smyth（2007）采用 1972 至 2002 年的面板数据协整模型及格兰杰因果检验研究了 G7 国家的能源消费与经济增长的关系。研究表明：能源消费与经济增长之间不存在因果关系。

　　本章采取面板数据模型研究中国经济增长与能源消费的关系。本章不仅研究经济增长与能源消费的长期均衡关系、因果关系，还将研究能源消费的时间依赖关系，即各期能源消费的数量关系。结构安排如下：第一节为引言，第二节为文献回顾，第三节为研究设计，第四节为本章小结。本章的创新点主要体现在：通过构建数理模型论证了各期能源消费之间存在依存关系，并通过了计量模型的实证检验。

第三节　研究设计

一、数理模型

笔者通过构建修改后的戴蒙德模型，从微观视角论证能源消费与收入的关系及各期能源消费之间的关系。先假设家庭中的人口只存活两期并进行论证，再推广到家庭中的人口存活 N 期并进行论证。

假设家庭中的人口数量为 1，人口只存活两期，令 c_1 和 c_2 分别表示第 1 期和第 2 期的能源消费量，设定此人的效用函数 U 只取决于 c_1 和 c_2。

假设效用函数为相对风险回避系数不变的效用函数：

$$U = \frac{c_1^{1-\theta}}{1-\theta} + \frac{1}{1+\rho}\frac{c_2^{1-\theta}}{1-\theta}, \ \theta > 0, \ \rho > -1 \tag{1}$$

令能源消费价格在第 $t-1$ 期和第 t 期均不变，p 为价格水平，Y 为此人一生的名义收入。则预算约束为：

$$p\,c_1 + p\,c_2 = Y \tag{2}$$

由（1）、（2）可得：

$$U = \frac{c_1^{1-\theta}}{1-\theta} + \frac{1}{1+\rho}\frac{(Y/p - c_1)^{1-\theta}}{1-\theta} \tag{3}$$

由最大化效用问题的一阶条件可得：

$$\frac{\partial U}{\partial c_1} = 0 \ \Rightarrow \ c_1 = (1+\rho)^{1/\theta} c_2 \tag{4}$$

由（1）、（2）可解得：

$$c_1 = \frac{(1+\rho)^{1/\theta}}{1+(1+\rho)^{1/\theta}}\frac{Y}{p} \tag{5}$$

$$c_2 = \frac{Y/p}{1+(1+\rho)^{1/\theta}} \tag{6}$$

由于 Y 表示名义收入，p 表示价格水平，则 $\dfrac{Y}{p}$ 可表示实际收入水平。则（4）表示的经济含义是：在 θ 和 ρ 值不变的情况下，第 1 期能源消费量与第 2 期能源消费量正相关。（5）表示的经济含义是：在 θ 和 ρ 值不变的情况下，第 1 期能源消费量与实际收入水平正相关，即随着实际收入水平的提高，第 1 期的能源消费量将增加。（6）表示的经济含义是：在 θ 和 ρ 值不变的情况下，第 2 期能源消费量与实际收入水平正相关，即随着实际收入水平的提高，第 2 期能源消费量将增加。

假设家庭中的人口存活 N 期，此人的效用函数取决于 N 期的能源消费，假设效用函数为相对风险回避系数不变的效用函数，则有：

$$U = \sum_{i=1}^{N} \frac{1}{(1+\rho)^{(i-1)}} \frac{c_i^{1-\theta}}{1-\theta}, \ \theta > 0, \ \rho > -1 \tag{7}$$

令能源消费价格在各期中均不变，p 为价格水平，Y 为此人一生的名义收入。则预算约束为：

$$\sum_{i=1}^{N} p \, c_i = Y \tag{8}$$

由（7）、（8）可得（9），其表达式如下所示：

$$U = \frac{\left(Y/p - \sum_{i=2}^{N} c_i\right)^{1-\theta}}{1-\theta} + \sum_{i=2}^{N} \frac{1}{(1+\rho)^{(i-1)}} \frac{c_i^{1-\theta}}{1-\theta} \tag{9}$$

根据 $\dfrac{\partial U}{\partial c_2} = 0$, $\dfrac{\partial U}{\partial c_3} = 0$, $\ldots$, $\dfrac{\partial U}{\partial c_N} = 0$ 可得：

$$c_1 = (1+\rho)^{(N-1)/\theta} c_N \tag{10}$$

$$c_2 = (1+\rho)^{(N-2)/\theta} c_N \tag{11}$$

$$c_{N-1} = (1+\rho)^{1/\theta} c_N \tag{12}$$

由（8）、（10）、（11）、（12）可得：

$$c_N = \frac{Y/p}{\sum_{i=1}^{N} (1+\rho)^{(i-1)/\theta}} \tag{13}$$

$$c_{N-1} = \frac{Y/p}{\sum_{i=1}^{N} (1+\rho)^{(i-1)/\theta}} (1+\rho)^{1/\theta} \tag{14}$$

$$c_1 = \frac{Y/p}{\sum_{i=1}^{N} (1+\rho)^{(i-1)/\theta}} (1+\rho)^{(N-1)/\theta} \tag{15}$$

（13）、（14）、（15）对应的经济学含义：当人口存活 N 期时，在 θ 和

ρ 值不变的情况下，每期能源消费量随着收入水平的增加而增加。

（12）对应的经济学含义是：当人口存活 N 期时，在 θ 和 ρ 值不变的情况下，本期能源消费量与下期能源消费量正相关，体现出每期能源消费量的时间依赖性，即惯性特征。

二、计量模型研究设计

（一）样本选择及变量定义

基于相关数据的可得性，本章选取 1995 年~2008 年间的相关数据进行相关计量分析。省际面板数据的样本分别为：北京、天津、河北、山西、内蒙古、辽宁、吉林、黑龙江、上海、江苏、浙江、安徽、福建、江西、山东、河南、湖北、广东、广西、海南、重庆、四川、贵州、云南、陕西、甘肃、青海、宁夏、新疆。湖南和西藏由于大部分能源消费总量数据缺失，在进行样本选择时被剔除。各变量名称及含义如表 1 所示。

表 1　各变量名称及其含义

分类	变量名称	变量含义
被解释变量	logenergy	取对数后的能源消费量，单位：万吨标准煤。
解释变量	logenergy_1	logenergy 的滞后一期，单位：万吨标准煤。
	logGDP	取对数后的人均 GDP，单位：万元。
	logGDP_1	logGDP 的滞后一期，单位：万元。

（二）数据描述

1. 数据来源

能源消费量数据、人均 GDP 数据来源于《新中国六十年统计资料汇编》。本章选取 1995 年至 2008 年作为分析的时间段的原因是：《新中国六十年统计资料汇编》关于其他年份相关变量数据缺失。图 2 为 1995 年至

2008 年取对数之后的我国能源消费量与人均 GDP 的面板数据散点及线形拟合图。

单位：万吨标准煤

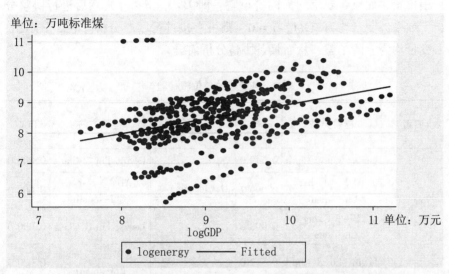

图 2 我国能源消费量与人均 GDP 的面板数据散点及线形拟合图

2. 面板样本数据的统计性描述

表 2 各变量数据的统计性描述

	logenergy	logenergy_ 1	logGDP	logGDP_ 1
均值	8. 530 431	8. 530 732	9. 152 317	9. 149 674
中位数	8. 608 542	8. 604 672	9. 083 187	9. 079 662
最大值	11. 052 02	11. 052 02	11. 199 91	11. 199 91
最小值	5. 734 312	5. 734 312	7. 509 883	7. 509 883
标准差	0. 856 027	0. 849 862	0. 715 860	0. 706 136
偏度	−0. 427 919	−0. 432 033	0. 430 632	0. 436 108
峰度	4. 044 578	4. 142 305	2. 719 994	2. 739 133
观察值	406	377	406	377

3. 面板数据单位根检验

在进行回归分析前，为防止伪回归现象的发生，有必要对变量进行单位根检验。如果各变量均为同价单整，即 $I(d)$，$d \geq 1$，然后进行协整分析；如果各变量均为 $I(d)$，$d = 0$，则可直接进行回归分析。表 3 显示出，各变量均为一阶单整，从而具备协整分析前提。

表 3　各变量的单位根检验

变量	检验方法	Prob	一阶差分后的变量	检验方法	Prob
logenergy	Levin, Lin & Chu t	0. 549 0	D（logenergy）	Levin, Lin & Chu t	0. 000 0
	ADF – Fisher Chi-square	0. 999 7		ADF – Fisher Chi-square	0. 000 0
	PP – Fisher Chi-square	0. 998 6		Levin, Lin & Chu t	0. 000 0
logenergy_ 1	Levin, Lin & Chu t	0. 512 0	D（logenergy_ 1）	ADF – Fisher Chi-square	0. 000 0
	ADF – Fisher Chi-square	0. 999 6		PP – Fisher Chi-square	0. 000 0
	PP – Fisher Chi-square	0. 998 4		Levin, Lin & Chu t	0. 000 0
logGDP	Levin, Lin & Chu t	0. 007 6	D（logGDP）	ADF – Fisher Chi-square	0. 000 0
	ADF – Fisher Chi-square	0. 122 4		PP – Fisher Chi-square	0. 000 0
	PP – Fisher Chi-square	0. 000 0		Levin, Lin & Chu t	0. 000 0
logGDP_ 1	Levin, Lin & Chu t	0. 094 4	D（logGDP_ 1）	ADF – Fisher Chi-square	0. 000 0
	ADF – Fisher Chi-square	0. 987 8		PP – Fisher Chi-square	0. 000 0
	PP – Fisher Chi-square	0. 996 2		Levin, Lin & Chu t	0. 000 0

注：各变量单位根检验均为无截距项、无趋势项的形式。

（三）面板协整检验

1. 面板协整检验方法介绍

面板协整检验按照检验方法划分为两大类，一类是根据面板数据协整回归检验的残差数据的单位根检验的面板协整检验，即 Engle-Granger 二步法的推广，被称为第一代面板协整检验，如 Kao（1998）提出的 Kao 面板协整检验、Pedroni（2004）提出 Pedroni 面板协整检验；另一类是从推广Johansen 迹检验方法发展的面板协整检验，被称为第二代面板协整检验，如 Fisher（combined johansen）。

本章分别采用 Kao 面板协整检验、Pedroni 面板协整检验、Fisher（combined johansen）面板协整检验来检验变量 logenergy 、logenergy_1 、logGDP 间的协整关系。Kao 面板协整检验、Pedroni 面板协整检验主要检验变量间是否存在面板协整关系；Fisher（combined johansen）面板协整检验不仅可以检验变量间是否存在面板协整关系，还可以检验出变量间存在几个协整关系。

2. 面板协整关系存在性分析

表 4 是运用 Kao 协整检验对 logenergy、logenergy_ 1、logGDP 是否存在协整关系进行分析。Kao 协整检验的原假设是 logenergy、logenergy_ 1、log-GDP 之间不存在协整关系，相伴概率为 0. 0000，小于 1% 显著性水平，即原假设被否定。说明 logenergy、logenergy_ 1、logGDP 之间存在协整关系。

表 4　Kao 协整检验结果

	原假设	T 统计量	相伴概率
ADF	无协整关系	−7. 661 539	0. 000 0

表 5 是运用 Pedroni 检验对 logenergy、logenergy_ 1、logGDP 是否存在协整关系进行分析。Pedroni 检验的原假设是 logenergy、logenergy_ 1、logGDP之间不存在协整关系，根据表中 4 个组间统计量和 3 个组内统计量的相伴概率都小于 1% 的显著性水平，说明在 1% 的显著性水平，原假设被否定。表明 logenergy、logenergy_ 1、logGDP 之间存在协整关系。

表 5　Pedroni 检验

Pedroni 检验			原假设：无协整关系		
4 个组间统计量	statistic	prob	3 个组内统计量	statistic	prob
Panel v-Statistic	−5.689 110	0.000 0	Group rho-Statistic	4.940 690	0.000 0
Panel rho-Statistic	3.717 169	0.000 4	Group PP-Statistic	−6.698 790	0.000 0
Panel PP-Statistic	−5.593 180	0.000 0	Group ADF-Statistic	−6.682 349	0.000 0
Panel ADF-Statistic	−7.037 909	0.000 0			

Pedroni 检验形式：既有截距项，又有趋势项，滞后阶数为 1。

　　表 6 是运用 Fisher 协整检验对 logenergy、logenergy_ 1、logGDP 是否存在协整关系进行分析。在 1% 显著性水平，无协整关系的原假设所对应的 P 值为 0.000 0，即 P 值小于 1% 的显著性水平。即原假设被否定，说明 logenergy、logenergy_ 1、logGDP 存在协整关系；在 5% 显著性水平，至多存在一个协整关系的原假设所对应的 P 值为 0.089 0，即所对应的 P 值大于 5% 的显著性水平，至多存在一个协整关系的原假设被接受，说明 logenergy、logenergy_ 1、logGDP 之间存在一个协整关系。在 5% 显著性水平，至多存在两个协整关系的原假设所对应的 P 值为 0.999 4，即所对应的 P 值大于 5% 的显著性水平，至多存在两个协整关系的原假设被接受，说明 logenergy、logenergy_ 1、logGDP 之间至多存在两个协整关系。因此，根据表 6 中对无协整关系、至多有一个协整关系、至多有两个协整关系的检验结果，可知在 5% 的显著性水平，logenergy、logenergy_ 1、logGDP 之间存在一个协整关系。

表 6　Fisher 协整检验

原假设	迹统计量	P 值
无协整关系	184.2	0.000 0
至多有一个协整关系	28.94	0.089 0
至多有两个协整关系	5.495	0.999 4

3. 动态面板数据模型回归分析

（1）模型设定

相对于静态面板数据模型，动态面板数据模型能源充分反映变量的动态特征，揭示经济关系的动态调整过程，尤其能反映出被解释变量的时间路径依赖性，即本期被解释变量值与下期被解释变量值的关系。

$$logenergy_{i,\,t} = c + \beta\,logenergy\_1_{i,\,t-1} + \varphi\,loggdp_{i,\,t} + \varepsilon_{i,\,t} \qquad (16)$$

i 表示各个样本，t 表示年份，$logenergy_{i,\,t}$ 表示第 i 个样本在第 t 年的取对数后的能源消费量；$logenergy\_1_{i,\,t-1}$ 表示第 i 个样本在第 $t-1$ 年的取对数后的能源消费量；$loggdp_{i,\,t}$ 表示第 i 个样本在第 t 年的取对数后的人均 GDP；$\varepsilon_{i,\,t}$ 表示随机扰动项，c 为常数项，β 为 $logenergy\_1_{i,\,t-1}$ 的系数，对应的经济学含义是：第 i 个样本在第 $t-1$ 年的能源消费量每增加 1%，第 i 个样本在第 t 年的能源消费量将增加 β%；φ 为 $loggdp_{i,\,t}$ 的系数，对应的经济学含义是：第 i 个样本在第 t 年的人均 GDP 每增加 1%，第 i 个样本在第 t 年的能源消费量将增加 φ%。

表 7　回归系数估计结果

变量	变量对应的系数值	标准差	T 统计量	P 值
logenergy（−1）	0. 320 371	0. 046 290	6. 921 015	0. 000 0
logGDP	0. 372 222	0. 055 058	6. 760 526	0. 000 0
C	2. 393 643	0. 566 458	4. 225 633	0. 000 0

注：logGDP 与 loggdp 表示同一变量，均表示取对数后的人均 GDP。

（2）回归结果报告

表 7 是运用动态面板数据模型对系数进行回归估计的结果，图 3 为动态面板数据模型回归后序列的残差图，显示出残差序列的平稳性特征，说明了回归结果的可靠性。logGDP 对应的系数为 0. 372 222，P 值为 0. 000 0。说明在 1% 的显著性水平，logGDP 对应的系数显著为正。这表明我国能源消费与人均 GDP 呈同方向变动关系，人均 GDP 每增加 1%，能源消费将增加 0. 372 222%。logenergy（−1）对应的系数为 0. 320 371，P 值为 0. 000 0。

说明在1%的显著性水平 logenergy（-1）对应的系数显著为正。表明本期能源消费与滞后期能源消费之间存在显著的相关性特征，即各期能源消费之间存在时间依赖性。本期能源消费量变动1%，滞后期能源消费量将同方向变动 0.320 371%。

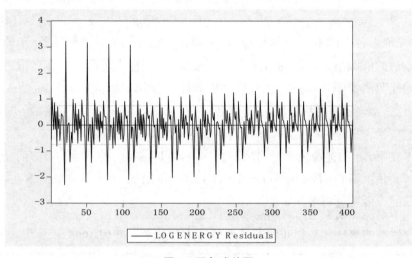

图3 回归残差图

（3）回归结果的经济学理论解释

我国仍处于高耗能、高污染和资源粗放型的经济增长阶段，经济的增长依赖于对生产要素的大量投入使用，包括大量的资源型能源的（煤炭、石油、天然气等）大量投入和使用，经济增长对能源消费的拉动作用十分明显。《新中国六十年统计资料汇编》数据显示，1995年我国人均GDP为5 046元人民币，2008年我国人均GDP为22 698元人民币，人均年GDP平均增长量为1 358元人民币；1995年能源消费量为131 176万吨标准煤，其中煤炭消费量为97 857万吨标准煤，石油消费量为22 956万吨标准煤，天然气消费量为2 492万吨标准煤；2008年能源消费量为285 000万吨标准煤，其中煤炭消费量为195 795万吨标准煤，石油消费量为53 295万吨标准煤，天然气消费量为10 830万吨标准煤。能源消费年平均增长量为11 832万吨标准煤，其中煤炭消费平均增长量为7 533万吨标准煤，石油消费平均增长量为2 334万吨标准煤，天然气消费平均增长量为641万吨标准煤。

我国经济增长对能源消费的拉动作用与我国特殊的国情密切相关。我国目前工业化进程还未完成，产业结构还很不合理。我国还未形成"三、二、一"的产业结构，目前第二产业仍然占有较高比重，第三产业比重仍有待提高。而第二产业既是我国经济增长的重要产业部门，又是能源消费最大的产业部门，第三产业和第一产业是我国经济增长的重要产业部门，但却是能源消费十分少的产业部门。据《中国统计年鉴2009》数据显示：当年能源消费的部门结构中，工业能源消费所占比重超过71.6%，建筑业能源消费所占比重为1.51%，第一产业能源消费所占比重为3.1%，运输业能源消费所占比重为7.78%，商业能源消费所占比重为2.24%，其他第三产业能源消费所占比重为3.67%，生活能源消费所占比重为10.09%。1995年到2008年我国第二产业的总产值不断增加，而第二产业技术进步速度缓慢，能源消费也不断增加。因而形成了能源消费与人均GDP呈同方向且保持一定比例的变动关系。

本期能源消费与滞后期能源消费之间存在显著的相关性特征，主要与我国能源消费特征及行业能源消费特征密切相关。我国1995年至2008年期间对能源的需求具有刚性特征，能源消费结构相对稳定而且主要以煤、石油和天然气等一次性能源消费为主。据《中国统计年鉴2009》数据显示：在我国48个国民经济细分部门中，十大高耗能行业，分别是黑色金属、化工、非金属、电力热力、石化、有色金属、煤炭、纺织业、石油、天然气、造纸，占全部能源消费的59.11%，占工业能源消费的83.13%。十大高耗能行业在我国工业体系中一直占据较高份额。因此，随着我国工业化进程的快速推进，工业部门产值逐年增加，对能源的消费量也逐年增加。

（4）研究结论的政策含义

不断改变传统经济发展模式，大力发展新能源经济，摆脱对传统资源型能源的消费依赖，是实现经济增长与能源消费和谐发展的关键。根据能源消费与人均GDP存在协整关系且呈同方向变动的研究结论，可以通过调控人均GDP规模来实现对能源消费量的控制。当能源供给量严重不能满足能源需求量时，可以通过控制经济增长的扩张规模来调控能源消费量。

适度的经济增长目标，可以缓解我国能源供需矛盾的紧张局面。2012年我国政府经济增长的目标下调至7.5%，可以有效降低能源消费需求量，缓解我国能源供不应求的矛盾。

由于各期能源消费量存在显著的相关性特征，本期能源消费量变动1%，滞后期能源消费量将同方向变动0.320 371%。据此，可以判断我国对能源的消费需求量将会逐年增加。由于能源资源的不可再生性及有限性，我国对能源的供给不能无限增加，只能采取有限供给，实际上我国从1992年开始就产生了能源供不应求问题。因此随着能源的消费需求量的不断增加，能源供需矛盾将不断加剧。我国政府应该采取各种途径来缓解未来能源供求矛盾会更加尖锐的事实，以维护我国经济安全运行。在能源供给有限，而能源需求不断增加的情况下，通过能源消费质量的提高来实现能源消费量的降低，从而缓解能源供求矛盾，是我国政府的明智选择。实现工业内部结构调整是我国产业结构调整的关键。不断降低十大高耗能行业的比重，是工业内部调整的重点。十大高耗能行业比重的降低将极大减少我国工业对能源的消费量，也是缓解我国能源供求矛盾的有效措施。

4. 面板格兰杰因果检验

（1）面板格兰杰因果检验结论报告

本章面板格兰杰因果检验能够说明能源消费与经济增长之间的相互影响关系。主要有三大类，一是能源消费与经济增长之间存在双向的格兰杰因果关系；二是能源消费与经济增长之间存在单向的格兰杰因果关系；三是能源消费与经济增长之间不存在格兰杰因果关系。

表8 面板格兰杰因果检验结果

原假设	观察值	F 统计量	P 值
logGDP does not Granger Cause logenergy	348	31. 237 2	3E−13
logenergy does not Granger Cause logGDP	1. 839 19	0. 160 5	0. 160 5

表8是人均GDP与能源消费的面板格兰杰因果检验结果。人均GDP不是能源消费的格兰杰原因的原假设所对应的P值为3E−13，说明在1%的显著性水平，原假设被否定。即人均GDP是能源消费的格兰杰原因，人均GDP的变动是能源消费变动的格兰杰原因。能源消费不是人均GDP的格兰杰原因的原假设所对应的P值为0.160 5，说明即使在10%的显著性

水平，原假设也被接受，表明能源消费的变动并不是人均 GDP 变动的格兰杰原因。因此，表 8 的面板格兰杰因果检验的结论是：经济增长是能源消费的单向格兰杰原因，能源消费不是经济增长的格兰杰原因。

（2）面板格兰杰因果检验结论的政策含义

经济增长是能源消费的单向格兰杰原因，说明了我国的能源消费特征是经济增长拉动我国的能源消费。能源消费不是经济增长的格兰杰原因，一方面说明我国推出的节能政策的可行性，即节能政策单方面不会影响中国的经济发展。另一方面也说明，我国总体上不是能源依赖型的增长模式。

（四）稳健性分析

1. 能源消费与经济增长之间是否存在二次函数关系

如果回归方程中 logGDP 的二次项的系数显著，说明能源消费与经济增长之间存在二次函数关系；如果回归方程中 logGDP 的二次项的系数不显著，说明能源消费与经济增长之间不存在二次函数关系。

表 9　能源消费与经济增长的二次函数关系检验

变量	变量对应的系数值	标准差	T 统计量	P 值
logenergy（-1）	0. 326 284	0. 046 600	7. 001 856	0. 000 0
logGDP	1. 595 756	1. 130 773	1. 411 208	0. 159 0
logGDP * logGDP	-0. 065 806	0. 060 745	-1. 083 317	0. 279 4
C	-3. 309 251	5. 294 663	-0. 625 016	0. 532 3

表 9 是能源消费与经济增长的二次函数关系检验结果，logGDP 的二次项系数为-0. 065 806，所对应的 P 值为 0. 279 4。即使在 10% 的显著性水平，logGDP 的二次项系数也没有通过显著性检验。说明能源消费与经济增长之间不存在二次函数关系，也说明了动态面板数据模型设定的可靠性。

2. 内生性讨论

能源消费与人均 GDP 之间可能不是严格外生的变量，即能源消费与人均 GDP 之间可能存在内生性问题，即相互决定问题。一方面人均 GDP 的增加可能导致能源消费的增加，另一方面能源消费的增加可能导致人均

GDP 的增加。本章采取能源消费的滞后一期变量进行回归检验，检验结果如表 10 所示。表 10 显示出，采取能源消费的滞后一期变量进行回归检验时，logenergy（-1）所对应的系数通过 1% 的显著性水平检验，且为正，数值大小与表 7 中 logenergy（-1）的系数相近，说明了表 7 中回归系数的稳健性。

表 10　内生性讨论结果

变量	变量对应的系数值	标准差	T 统计量	P 值
logenergy（-1）	0. 270 697	0. 048 946	5. 530 510	0. 000 0
logGDP（-1）	0. 382 457	0. 058 909	6. 492 377	0. 000 0
C	2. 725 298	0. 543 285	5. 016 328	0. 000 0

第四节　本章小结

本章通过构建修改后的戴蒙德模型，从微观视角论证了能源消费与收入正相关及各期能源消费存在时间依赖性特征；并构建动态面板数据模型进行实证检验，结果表明，人均 GDP 变动 1%，能源消费将同方向变动 0. 372 222%；本期能源消费量变动 1%，滞后期能源消费量将同方向变动 0. 320 371%。实证检验还表明，人均 GDP 的变动是能源消费变动的格兰杰原因。根据研究结论，作者提出如下政策建议。

第一，大力发展新能源经济，不断培育新的经济增长点，摆脱对资源型能源产品消费的依赖。我国能源消费中传统煤炭、石油、天然气消费占到 70% 左右，而西方发达国家只占到 30% 左右。我国的能源消费结构还十分落后，摆脱对传统煤炭、石油、天然气等能源消费的依赖，加大核能、风能、太阳能等新型能源的消费，是实现经济增长与能源消费和谐发展的关键。

第二，粗放型经济发展方式以高耗能、高污染和资源性为主要特征，转变经济发展方式势在必行。改变粗放型经济发展方式，将会极大的改变我国能源消费状况，缓解我国能源供给不能满足能源消费需求的矛盾。循环经济也是实现经济快速发展和节约能源消费的有效途径。有利于实现"资源—产品—废弃物"到"资源—产品—再生资源"的转变。大力发展可再生能源经济，通过科技进步来提高能源的利用效率，对不可再生资源性能源产品的消费进行一定限制，也将有利于降低能源消费量。

第三，不断优化产业结构，是缓解经济快速增长而能源供求矛盾加剧的有力措施。我国产业结构的优化一方面会降低能源消费量，另一方面会优化能源消费结构，传统能源消费量将会下降，而核能等清洁能源消费量将增加。实现我国工业结构内部调整是优化产业结构的关键，不断降低十大高耗能行业的比重是工业内部结构调整的重点，必将极大降低我国工业能源的消费量，极大缓解我国能源供需矛盾，维护我国经济安全。

第四，各级政府严格落实中央的节能政策，强化对领导干部节能政策的考核，企业应将节能政策放在重要位置，居民应养成节能的良好生活习惯，减少不必要的能源消费。改变传统的能源消费习惯，大力提倡绿色能源消费，政府应该从财政、税收等方面给予鼓励。

第五，由于各期能源消费之间存在相互依存性，本期能源消费量变动1%，滞后期能源消费量将同方向变动 0.320 371%。据此可以判断我国对能源的消费需求量将会逐年增加，进而加剧我国能源供需矛盾。我国政府应该采取各种途径来缓解未来能源供求矛盾会更加尖锐的问题，以维护我国经济安全运行。应结合我国的经济发展状况、能源供给等因素综合考虑，对能源消费应进行长期规划，不断提升我国的能源消费质量。通过能源消费质量的提高来实现能源消费量的降低，从而缓解能源供求矛盾，是我国政府的明智选择。

本章的研究还存在诸多不足，主要有三点。第一，虽然从整体上论证了能源消费与经济增长的关系，却没有从东部、中部、西部的区域角度进行相关研究。第二，没有从能源消费结构角度进一步分析能源消费与经济增长之间的数量关系。第三，计量模型部分主要分析了经济增长对能源消费的数量影响，而忽略其他因素对能源消费的影响，例如技术水平、产业结构、人口规模等因素。所以这些都是作者未来研究的方向。

中国的能源消费与二氧化硫排放 [1]

第一节　引　言

　　能源一直是经济发展的重要物质基础，为我国经济发展做出了重要贡献，我国政府高度重视能源发展问题，然而能源消费却是环境污染的重要来源。环境污染问题已经威胁到人类的生存和发展，我国目前是世界上环境污染物排放量最大的国家之一，在我国倡导可持续发展、大力推行节能减排的大背景下，能源消费与环境污染问题显得尤为重要。

　　改革开放以来，我国经济的快速发展，能源消费也不断增加。1978年我国能源消费总量为 57 144 万吨标准煤，1988 年为 92 997 万吨标准煤，1998 年为 132 213 万吨标准煤，2008 年为 285 000 万吨标准煤。2008 年我国能源消费量是 1978 年的 5 倍左右。不断增加的能源消费给我国的环境保护工作带来极大的压力。图 1 为我国 1980 年至 2010 年能源消费的散点图。

---

　　〔1〕　本章内容发表于《西北人口》，2014 年第 4 期，作者：李鹏。

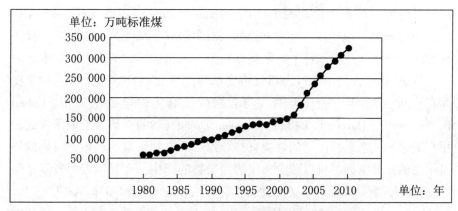

图 1　我国 1980 年至 2010 年能源消费的散点图

能源消费所产生的环境污染，是制约我国经济可持续发展的重要因素，也给我国经济造成了巨大的损失，我国为修复环境质量而付出了极大代价。在我国的能源消费中，工业消费的能源大约占 70%。产业结构重型化是我国未来一段时间内产业结构变迁的主要特征，这将大力推动我国的能源消费增长。同时由于我国粗放式的发展方式改变的难度大，工业中高排放的企业大量存在，因此能源消费方面所产生的污染问题将长期存在。

第二节　文献回顾

各国政府高度重视能源消费所产生的环境污染问题，也引起学术界的极大关注，国内外学者也进行了大量研究。

Anne P. Carter（1974）运用动态投入产出模型分析了能源消费、环境污染与经济增长的关系。Eckhard Plinke、Hans-Dietrich Haasis、Otto Rentz 和 Mecit Sivrioglu（1990）分析了土耳其的能源和环境形势，并介绍了能源和环境最优模型（EFOM）的方法及运用。Kenneth Nowotny、James Peach（1992）分析了美国 1970 年至 1989 年能源消费的改变及能源政策，指出煤、石油的燃烧导致了大量二氧化碳的排放，是推动温室效应的重要来源之一，建议对煤炭、石油等能源消费征收能源税并且大力开发新能源。David Pimentel 等人（1994）提出大力发展太阳能以代替传统能源的使用，从而满足美国的能源需求。太阳能技术的运用必将大量地减少环境问题及减少对传统不可再生性能源的使用。Jayant Sathaye、Patty Monahan、Alan Sanstad（1996）以中国、印度和巴西为对象研究了从能源消费中减少碳排放的成本问题，并指出每个国家都有减少二氧化碳排放的潜力。对中国而言，到 2020 年，使用进口天然气将会减少二氧化碳排放达 25%；对印度而言，到 2025 年，进口天然气将会减少二氧化碳排放达 32%。Robert B. Finkelman、Harvey E. Belkin、Baoshan Zheng（1999）研究了中国煤的使用和健康的关系。指出煤的燃烧直接导致了硒毒和汞毒的产生，对煤的质量信息的充分掌握，可以减少相应的污染物的产生。在我国贵州省每年至少 3000 人遭受煤燃烧所产生的有毒气体的污染。Abul K. Azad、S. W. Nashreen、J. Sultana（2006）研究了 Bangladesh 的能源消费与二氧化碳排放的关系。研究表明：石油消费是二氧化碳排放的主要来源之一。

李立（1994）运用投入产出法分析了我国的能源消费与环境问题，并推算了我国国民经济各部门的二氧化硫排放量。陈军、金成华、白永亮（2008）利用因子分析法对我国的能源消费与环境污染的关系进行分析，指出能源消费是我国大气污染的直接原因。王珊珊、徐吉辉、邱长溶（2010）基于 1995 年~2007 年的时间序列数据并采用边限协整分析法对我国能源消费与环境污染的关系进行研究。研究表明：从长期来看，能源消费总量对二氧化硫排放量的影响是显著的，能源消费总量变动 1%，二氧化硫排放量将增加 1.70%。高源、牛飞亮（2010）运用灰色关联理论对我国能源消费与环境污染的关系进行研究。研究表明：能源消费与环境污染的关联度是显著的。李诚（2010）采用投入产出方法估算了我国每个部门的能源消耗强度和气体排放强度的数据，构建了我国 2002 年至 2007 年部门间能源和污染气体排放的数据表。彭远新、林振山（2010）采用重心模型分析了能源消费所产生的二氧化硫排放的时空演变关系，研究表明：以 1990 年二氧化硫污染物重心为起点，17 年来我国二氧化硫污染物的重心沿着西南 45 度方向运动。宋香荣、王依军（2011）采用 1985 年至 2007 年的时间序列数据和协整理论分析了新疆的能源消费与环境污染的关系。研究表明：新疆的能源消费与环境污染之间存在协整关系，存在能源消费到环境污染的单向格兰杰因果关系。陈军、李世祥（2011）运用面板数据模型并基于 1978 年~2008 年的数据分析了我国煤炭消耗对污染物排放的影响。研究表明：经济发达地区煤炭消耗对各项污染排放的影响要高于经济欠发达地区的影响。研究还发现，煤炭消耗对废气排放的影响最为显著。

　　本章主要研究能源消费与环境污染的数量关系，并揭示能源消费与环境污染之间关系的影响机理。本章结构安排如下：第一节为引言，第二节为文献回顾，第三节分为模型研究设计，第四节为计量模型回归分析，第五节为本章小结。

第三节　模型研究设计

模型的设定

　　早期文献运用 $I = PAT$ 方程来分析环境变化的决定因素，其中 I 为污染物排放量，P 为人口规模，A 为人均财富，T 为技术水平。该模型存在局限性，主要体现在各解释变量对被解释变量的影响是等比例的。

　　基于以上原因，李国志、李宗植（2010）提出 STIRPAT 模型来分析人口、经济和技术对二氧化碳的非比例影响，即

$$I = a\, P^b\, A^c\, T^d \tag{1}$$

其中 I 为二氧化碳排放量，P 为人口规模，A 为人均财富，T 为技术水平。

　　本章研究能源消费与二氧化硫排放的关系，为体现出能源消费对二氧化硫排放的影响，结合上述模型，提出如下基本理论模型：

$$I = a\, P^b\, A^c\, T^d\, N^e \tag{2}$$

其中 N 为能源消费量。

　　对（2）两边取对数，可得基本理论模型：

$$lnI = lna + blnP + clnA + dlnT + elnN \tag{3}$$

根据基本理论模型（3）得到相应的面板数据计量模型

$$ln\, I_{it} = \varphi + bln\, P_{it} + cln\, A_{it} + dln\, T_{it} + eln\, N_{it} + \varepsilon_{it} \tag{4}$$

其中 $\varphi = lna$，为常数项，ε_{it} 为随机扰动项。

第四节　计量模型回归分析

（一）样本选择

　　基于相关数据的可得性，本章选取 1995 年至 2008 年的相关数据进行

相关计量分析。省际面板数据的样本分别为：北京、天津、河北、山西、内蒙古、辽宁、吉林、黑龙江、上海、江苏、浙江、安徽、福建、江西、山东、河南、湖北、广东、广西、海南、重庆、四川、贵州、云南、陕西、甘肃、青海、宁夏、新疆。湖南和西藏由于大部分能源消费总量数据缺失，在进行样本选择时被剔除。

（二）变量定义

表1　各变量名称及其含义

分类	变量名称	变量含义
被解释变量	$logSO_2$	取对数后二氧化硫排放量，单位：万吨。
解释变量	logenergy	取对数后的能源消费量，单位：万吨标准煤。
	logGDP	取对数后的人均 GDP，单位：万元。
	logtech	以技术市场成交额度量技术水平，logtech 表示取对数后的技术水平值，单位：万元。
	logpeople	取对数后的人口数量，单位：万人。

（三）数据描述

1. 数据来源

技术市场成交额数据来源于历年《中国科技统计年鉴》，能源消费量数据、二氧化硫排放量、人均 GDP、人口数量数据来源于《新中国六十年统计资料汇编》。同时，重庆 1995 年至 1996 年二氧化硫排放量和技术市场成交额数据缺失，本章采用 Matlab 软件推算得其对应的估计值。本章选取 1995 年至 2008 年作为分析的时间段的原因是：《新中国六十年统计资料汇编》《中国科技统计年鉴》关于其他年份相关变量数据的缺失。图 2 为

1995 年至 2008 年我国能源消费量与二氧化硫排放量的面板数据散点及线性拟合图。

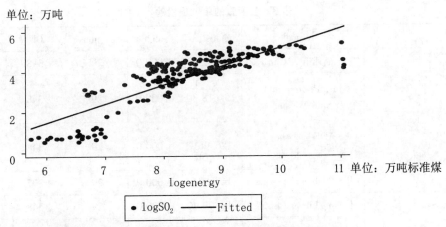

图 2　logSO₂和 logenergy 的散点及线性拟合图

2. 面板样本数据的统计性描述

表 2　各变量数据的统计性描述

	logSO$_2$	logenergy	logtech	logpeople	logGDP
均值	3.850 121	8.530 431	11.681 01	8.066 075	9.152 317
中位数	3.988 984	8.608 542	11.851 24	8.229 377	9.083 187
最大值	5.446 737	11.052 02	15.993 17	9.202 106	11.199 91
最小值	0.530 628	5.734 312	6.395 262	6.176 283	7.509 883
标准差	0.990 583	0.856 027	1.599 742	0.802 240	0.715 860
偏度	-1.406 437	-0.427 919	-0.583 399	-0.738 329	0.430 632
峰度	5.407 177	4.044 578	3.663 373	2.744 567	2.719 994
观察值	406	406	406	406	406

3. 面板数据单位根检验

在进行回归分析前，为防止伪回归现象的发生，有必要对变量进行单位根检验。如果各变量均为同价单整，即 $I(d)$，$d \geq 1$，然后进行协整分析；如果各变量均为 $I(d)$ ，$d=0$ ，则可直接进行回归分析。表3显示，各变量均为零阶单整，因此可直接进行回归分析。

表3 各变量的单位根检验

	Method	Statistic	Prob.**	sections	Obs
$logSO_2$	Levin, Lin & Chu t*	$-7.852\ 74$	0.000 0	29	348
	Im, Pesaran and Shin W-stat	$-5.618\ 30$	0.000 0	29	348
	ADF - Fisher Chi-square	126.961	0.000 0	29	348
	PP - Fisher Chi-square	167.591	0.000 0	29	377
logenergy	Levin, Lin & Chu t*	$-9.879\ 40$	0.000 0	29	348
	Im, Pesaran and Shin W-stat	$-6.121\ 05$	0.000 0	29	348
	ADF - Fisher Chi-square	139.627	0.000 0	29	348
	PP - Fisher Chi-square	156.502	0.000 0	29	377
logGDP	Levin, Lin & Chu t*	$-2.425\ 73$	0.007 6	29	348
	Im, Pesaran and Shin W-stat	$-1.953\ 42$	0.025 4	29	348
	ADF - Fisher Chi-square	70.694 5	0.122 4	29	348
	PP - Fisher Chi-square	154.274	0.000 0	29	377
logpeople	Levin, Lin & Chu t*	$-5.713\ 05$	0.000 0	29	348
	Im, Pesaran and Shin W-stat	$-3.117\ 71$	0.000 9	29	348
	ADF - Fisher Chi-square	87.100 9	0.008 0	29	348
	PP - Fisher Chi-square	128.052	0.000 0	29	377

被解释变量为 $logSO_2$ ，解释变量为 logenergy、logGDP 、logtech、logpeople。其中 logenergy 为关键解释变量，logGDP 、logtech、logpeople 为控制变量。

（四）面板数据回归结果分析

1. 不考虑控制变量情况下能源消费与二氧化硫排放的面板数据回归
分析

表4显示出，在不考虑控制变量情况下，logenergy 系数在 1% 显著性
水平通过了检验，而且回归系数为正。回归方程式如（5）所示，对应的
经济学含义为：能源消费与二氧化硫排放之间呈现出显著的正相关性，我
国能源消费每增加 1%，二氧化硫排放将增加 0.937 176 6%。同时，图2
关于 $logSO_2$ 和 logenergy 的散点及线性拟合图也显示出能源消费与二氧化硫
排放之间呈现出明显的正相关性。

$$logSO_2 = -4.144\ 399 + 0.937\ 176\ 6logenergy \qquad (5)$$

表4　不考虑控制变量的回归系数估计

$logSO_2$	coef	Std. err	t	p>∣t∣	[95%conf. interval]
logenergy	0.937 176 6***	0.033 772	27.75	0.000	0.870 785 8 1.003 567
_cons	-4.144 399***	0.289 533 2	-14.31	0.000	-4.713 579 -3.575 219

注：*** 表示 1% 的显著性水平；** 表示 5% 的显著性水平；* 表示 10% 的
显著性水平。

不考虑控制变量的情况下，能源消费与二氧化硫排放之间呈现出稳健
的正相关性，但这种统计上的相关性并不表明逻辑上的因果关系。为检验
出能源消费对二氧化硫排放的真实影响，我们引入一些控制变量，在引入
控制变量后再次进行两者之间的回归检验，以此验证两者之间是否存在着
稳健的正相关关系。

2. 考虑控制变量情况下，能源消费与二氧化硫排放的面板数据回归
分析

表5显示出：logenergy 的估计系数为正，而且通过 1% 的显著性水平
检验，说明能源消费对二氧化硫排放具有正效应。即随着能源消费的增
加，二氧化硫排放量也不断增加。logGDP 的估计系数为负，而且通过 1%

的显著性水平检验，说明人均 GDP 对二氧化硫排放具有负效应。即随着人均 GDP 的增加，二氧化硫排放不断减少。logtech 的估计系数为负，但是即使通过 10% 的显著性水平，也没有通过检验，说明技术水平对二氧化硫排放的效应不明显。logpeople 的估计系数为正，而且通过 1% 的显著性水平检验，说明人口规模对二氧化硫排放具有正效应。即随着人口数量的增加，二氧化硫排放量不断增加。

回归方程式如（6）所示，对应的经济学含义是：能源消费与二氧化硫排放之间存在正相关性，我国能源消费每增加 1%，我国二氧化硫排放量将增加 0.877 219%。我国人均 GDP 每增加 1%，二氧化硫排放量将减少 0.249 301 7%；人口数量与二氧化硫排放之间存在正相关性，我国人口数量每增加 1%，二氧化硫排放量将增加 0.209 791 2%。

表5　考虑控制变量的回归系数估计

$logSO_2$	coef	Std. err	t	p>|t|	[95%conf. interval]
logenergy	0.877 721 9 ***	0.063 303	13.87	0.000	0.753 274 7 1.002 169
logGDP	-0.249 301 7 ***	0.069 442	-3.59	0.000	-0.385 817 7 -0.112 785 8
logtech	-0.002 233 8	0.026 757 1	-0.08	0.934	-0.054 835 5 0.050 367 9
logpeople	0.209 791 2 ***	0.069 213 9	3.03	0.003	0.073 723 7 0.345 858 7
_cons	-3.021 635 ***	0.566 154	-5.34	0.000	-4.134 636 -1.908 634

注：*** 表示 1% 的显著性水平；** 表示 5% 的显著性水平；* 表示 10% 的显著性水平。

$$logSO_2 = -3.021\ 635 + 0.877\ 721\ 9logenergy - 0.249\ 301\ 7logGDP +$$
$$0.209\ 791\ 2logpeople \qquad (6)$$

3. 回归结果报告

不考虑控制变量的情况下、考虑控制变量的情况下的回归结果都表明：logenergy 系数在 1% 显著性水平都通过了检验，而且回归系数都为正，能源消费与二氧化硫排放之间呈现出显著的正相关性。能源消费每增加 1%，我国二氧化硫排放量将增加 0.877 219%。表明了二氧化硫排放量与能源消费量保持一定比例的数量关系且同方向变动的关系。回归结果显示出较强的稳健性，体现出回归结果的可靠性。

4. 二氧化硫排放量与能源消费量保持一定比例的数量关系且同方向变动的关系的机理分析

（1）经济发展拉动能源消费。我国粗放型的经济增长方式还未得到根本改变，经济的快速增长依赖于要素的高投入特征还很明显。我国工业结构也不合理，第二产业占有较高比重，第二产业对能源的消费需求最大。目前我国正处于工业化、城镇化加速发展的时期，经济发展对能源的需求是刚性的。因而出现了经济快速发展的同时，对能源的消费需求不断增加的情况。

（2）能源消费中煤炭比重维持在较高水平，煤炭消费量逐年增加。在我国能源消费结构中，虽然煤炭消费所占比重有所下降，但煤炭所占比重仍然比较高，一直处于大于 68% 的水平。图 3 为我国 1990 年至 2010 年间煤炭消费所占比重的散点图和趋势线。一些新能源消费由于技术、价格、环保等因素的影响，在我国能源消费结构中所占比例非常低，煤炭占能源消费比例比较高的局面在一定时期内难以改变。虽然煤炭消费比重有所下降，但能源消费量却不断增加，煤炭消费量总体上还在不断增加。图 4 为我国煤炭 1990 年至 2008 年消费总量的散点图及趋势线。图 4 显示出我国煤炭消费总量还有不断增加的趋势。

（3）煤炭消费是二氧化硫排放的最主要来源。二氧化硫排放的来源有三大类，第一类是燃煤烟气中的二氧化硫，第二类是硫酸厂和汽车尾气中排放的二氧化硫，第三类是有色金属冶炼过程中排放的二氧化硫。其中燃煤烟气中产生的二氧化硫占到总量的 90% 左右。而我国煤炭消费量中的 80% 用于燃烧，因此，煤炭消费是产生二氧化硫的最主要来源。

经济的快速发展拉动了能源的大量消费，加速了对煤炭的大量消费，而煤炭是二氧化硫排放的最主要来源，从而出现二氧化硫排放量与能源消费量保持一定比例且同方向变动的关系。

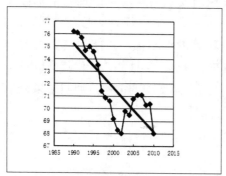
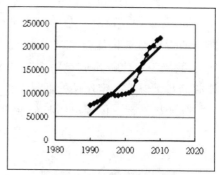

图3 我国煤炭消费比重，
纵轴单位为：%

图4 我国煤炭消费总量，
纵轴单位为：万吨标准煤

（五）分区域的回归分析结果

1. 东部地区、中部地区和西部区域的划分

东部地区：北京，天津，河北，辽宁，上海，江苏，浙江，福建，山东，广东，海南。中部地区：山西，吉林，黑龙江，安徽，江西，河南，湖北，湖南。西部地区：四川，重庆，贵州，云南，西藏，陕西，甘肃，青海，宁夏，新疆，广西，内蒙古。湖南和西藏由于大部分能源消费总量数据缺失，在进行样本选择时被剔除。分区域回归分析的必要性主要体现在：能够显示出各区域的能源消费与二氧化硫排放的特征，回归系数估计如表6所示。

表6 分区域的回归系数估计

被解释变量：$logSO_2$	解释变量回归系数估计			
	东部地区	中部地区	西部地区	全国
logenergy	1.396 684***	0.889 190 6***	0.127 067 8	0.877 721 9***
logGDP	−0.730 673***	0.294 179 4***	0.559 839 9***	−0.249 301 7***
logtech	0.111 689 2***	−0.360 041 7***	−0.135 222 4***	−0.002 233 8

被解释变量：$\log SO_2$	解释变量回归系数估计			
logpeople	−0.205 525 8***	0.592 131 9***	1.010 622***	0.209 791 2***
_cons	−1.063 651*	−7.306 823***	−8.534 636***	−3.021 635***
R−squared	0.946 1	0.750 9	0.692 7	0.720 0

注：东部地区、中部地区和西部地区的划分标准来源于《中国统计年鉴》。*** 表示 1% 的显著性水平；** 表示 5% 的显著性水平；* 表示 10% 的显著性水平。

2. 分区域的回归分析结果报告

表 6 显示出，在东部地区，logenergy 的估计系数为正，而且通过 1% 的显著性水平检验，说明能源消费对二氧化硫排放具有正效应。即随着能源消费的增加，二氧化硫排放量也不断增加。东部地区的 logenergy 的估计系数为 1.396 684，大于全国的 logenergy 的估计系数 0.877 721 9。对应的经济学含义：东部地区能源消费每增加 1%，东部地区的二氧化硫排放量将增加 1.396 684%；东部地区的能源消费所产生的二氧化硫排放大于全国的整体水平。在中部地区，logenergy 的估计系数为正，而且通过 1% 的显著性水平检验，说明能源消费对二氧化硫排放具有正效应。即随着能源消费的增加，二氧化硫排放量也不断增加。中部地区的 logenergy 的估计系数为 0.889 190 6，约等于全国的 logenerg 的估计系数 0.877 721 9。对应的经济学含义：中部地区能源消费每增加 1%，中部地区的二氧化硫排放量将增加 0.889 190 6%；东部地区的能源消费所产生的二氧化硫排放持平于全国的整体水平。在西部地区，logenergy 的估计系数为正，但即使在 10% 的显著性水平也没有通过检验。分区域回归结果表明：我国三大区域能源消费与二氧化硫排放之间呈现出不同的特征。

logGDP 的系数在全国和东部地区为负数，且通过 1% 的显著性水平。说明了我国及东部地区实现了经济和环境的和谐发展，即经济的发展并不是以牺牲环境为代价。logGDP 的系数在中部地区和西部地区为正数，且通过 1% 的显著性水平。说明了我国中部地区和西部地区的经济发展方式还比较落后，经济的发展还在以牺牲环境为代价。

logtech 的系数在中部和西部地区为负数，且通过 1% 的显著性水平。说明了中部地区和西部地区的技术进步减少了二氧化硫的排放，促进了环境质量的改善。logtech 的系数在东部地区为正数且通过 1% 的显著性水平，logtech 的系数在全国为负数，但却没有通过 10% 的显著性水平，说明在东部地区经济的进步并没有减少二氧化硫的排放，技术减排的效果不明显。

logpeople 的系数在全国、中部地区和西部地区为正数且通过 1% 的显著性水平，表明在全国、中部地区和西部地区随着人口规模的扩大，二氧化硫排放量不断增加；logpeople 的系数在东部地区为负数且通过 1% 的显著性水平，表明在东部地区随着人口规模的扩大，二氧化硫排放量不断减少。

（六）内生性讨论

二氧化硫排放与能源消费可能直接存在内生性问题。一方面，能源消费影响二氧化硫的排放，另一方面，二氧化硫的排放可能会影响能源消费。这样导致能源消费与二氧化硫排放之间形成双向因果关系。为避免这种可能存在的内生性对检验结果造成的偏差，本章采取滞后一期的能源消费变量重新进行回归估计，估计结果如表 7 所示。表 7 显示出，logenergy _ 1 的估计系数在东部地区、中部地区和全国都为正，且通过 1% 的显著性水平检验，在西部地区不显著。表 7 中其他变量系数的估计结果与表 6 中估计结果基本一致，表明了表 6 中变量系数的估计结果的可靠性。

表 7　能源消费变量滞后一期的回归分析

被解释变量：$logSO_2$	解释变量回归系数估计			
	东部地区	中部地区	西部地区	全国
logenergy_ 1	0. 567 997 8 ***	0. 557 350 3 ***	−0. 011 149	0. 487 088 1 ***
logGDP	−0. 113 590 3	0. 663 022 8	0. 690 768 2 ***	0. 091 406
logtech	0. 196 944 9 ***	−0. 398 655 4 ***	−0. 163 249 ***	−0. 040 376
logpeople	0. 625 816 ***	0. 889 875 3 ***	1. 145 205 ***	0. 586 810 4 ***

续表

被解释变量：$\log SO_2$	解释变量回归系数估计			
_cons	$-7.591\ 217^{***}$	$-9.785\ 328^{***}$	$-9.300\ 092^{***}$	$-5.403\ 637^{***}$
R-squared	0.857 6	0.712 8	0.690 2	0.651 9

注：***表示 1% 的显著性水平；$**$ 表示 5%的显著性水平；$*$ 表示 10%的显著性水平。logenergy_ 1 表示 logenergy 的滞后一期。

第五节　本章小结

作者以二氧化硫为例，运用我国 1995 年至 2008 年的省际面板数据进行了验证。研究表明：（1）我国能源消费每变动 1%，二氧化硫排放量将同方向变动 0.877 721 9%，但二氧化硫排放量与能源消费水平的关系在我国东部地区、中部地区和西部地区表现出不同的特征。在东部地区，能源消费每变动 1%，二氧化硫排放量将同方向变动 1.396 684%；在中部地区，能源消费每变动 1%，二氧化硫排放量将同方向变动 0.889 190 6%；在西部地区，能源消费和二氧化硫排放量的关系并不显著。（2）在中部地区和西部地区，随着技术的进步，二氧化硫排放量减少；在东部地区，随着技术的进步与二氧化硫排放量却不断增加；从全国来看，二氧化硫排放量与技术水平的关系并不显著。（3）随着人口规模的扩大，二氧化硫排放量不断增加，但在各区域表现出不同的特征。在中部地区和西部地区，随着人口规模的扩大，二氧化硫排放量不断增加；在东部地区，随着人口规模的扩大，二氧化硫排放量却不断减少。但在消除内生性影响后，在东部地区、中部地区和西部地区，随着人口规模的扩大，二氧化硫排放量都不断增加。（4）人均 GDP 每增加 1%，二氧化硫排放量减少 0.249 301 7%，但在各区域表现出不同特征。在东部地区，人均 GDP 每增加 1%，二氧化硫排放量减少 0.730 673%；在中部地区和西部地区，随着人均 GDP 的增加，二氧化硫排放量却不断增加。根据研究结论，提出如下政策建议：

（1）东部地区是我国经济发展最活跃的地区，也是我国三大地区中对能源消费需求最大的地区，同时也是三大区域中能源供给最为匮乏的地区。减少能源消费中的二氧化硫排放，重点应放在东部地区。大力推行节能减排工作，东部地区、中部地区、西部地区应因地制宜，制定出不同的策略。将东部地区高污染排放的企业逐步迁到周边国家，同时大量进口清洁能源，缓解东部地区能源消费中的环境污染问题。我国从1992年开始就存在能源供给不能满足能源消费需求的矛盾，大力加强清洁能源的进口量，不仅可以缓解我国能源供需矛盾，还将减少能源消费时的环境污染量。能源消费对推动我国经济增长做出了很大贡献，以科学发展观为指导思想，转变经济增长方式，抛弃以牺牲环境为代价来发展经济的方式。

（2）要想改变我国能源消费与二氧化硫排放量的同方向变动的数量关系，我国必须改变传统能源消费结构。不断降低煤炭、石油、天然气在能源消费中的比例，提高风能、核能、太阳能等清洁能源的比重，政府应从各方面支持新能源经济、低碳经济的发展。我国的产业结构还很不合理，第二产业占有较高比重，我国的能源消费主要来源于第二产业。不断优化我国的产业结构，不断提高第三产业的比重，降低第二产业的比重，将会抑制我国的能源消费需求，也有利于我国的环境保护。企业应大力推行脱硫项目建设工作，政府应提供政策及资金支持。

（3）减少初级能源产品的消费，不断提高能源产品的附加值，实现能源的循环使用，将能源消费时产生的污染物变废为宝。政府应大力倡导民众养成节能减排的生活习惯，将节能环保纳入到政府官员的考核体系中，对高耗能、高排放的企业实行整顿，同时从财政和税收等方面对企业的节能减排行为予以鼓励。大力推进技术进步，提高能源的技术利用水平，是减少二氧化硫排放的重要手段。我国整体上的研发投入水平还比较低，与发达国家有较大差距。大力加强研发投入，尤其是用于推动节能减排的研发投入，并提供税收、利率等优惠政策。

（4）发展环境友好型经济是21世纪的主旋律，环保关系到每个人的切身利益，也与每个人密切相关。过度的人口规模将加重对环境的破坏，适度的人口规模必将缓解人与自然的矛盾，有利于我国的经济发展和环境质量的改善。

中国的二氧化硫排放与人口死亡率

第一节　引言

现阶段，环境污染问题受到社会各界广泛关注。目前，我国的环境污染排放量仍在高位运行。以二氧化硫排放为例，《中国统计年鉴2017》数据显示，2016年我国二氧化硫排放量为1 102.864万吨。

我国的人口死亡率还处于较高水平。据《中国统计年鉴2017》数据显示，2016年我国的人口死亡率为7.09‰，接近于世界的人口死亡率水平。寻找有效途径来降低我国的人口死亡率水平是我国的迫切需要。

环境污染排放提高了我国的人口死亡率吗？这是本章要研究的重要问题，也是环境经济学领域的重要研究话题。环境污染物的种类较多，作者以典型的环境污染物 SO_2 为例，进行相关实证研究。

图1为2008年至2016年我国二氧化硫排放与人口死亡率的散点图与拟合线。其中，横坐标为二氧化硫排放量，单位为万吨；纵坐标为人口死亡率，单位为‰。图1中的拟合线显示出：我国二氧化硫排放与人口死亡率呈正相关关系。

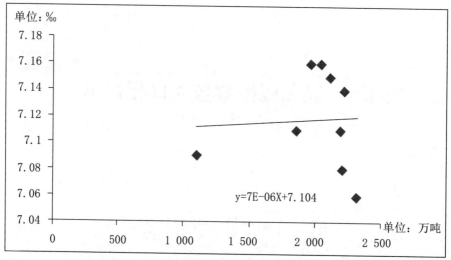

图1　我国二氧化硫排放与人口死亡率的散点图与拟合线

第二节　文献回顾

对人口死亡率的研究一直是学术界研究的热点问题。国外学者主要从经济增长角度对人口死亡率进行研究。Brenner（1979）的研究证实，人口死亡率是逆经济周期波动，即经济萧条会导致健康水平恶化，从而导致人口死亡率增加。而Ruhm（2000）等人则证实人口死亡率是顺经济周期波动，即经济萧条会导致健康水平改善，进而导致人口死亡率下降。

作者不是从经济增长角度研究人口死亡率，而是从环境污染角度研究人口死亡率。与本章研究角度较为密切的研究文献主要有：

郝君富、王亚柯（2014）从环境污染角度研究了我国人口死亡率顺周期波动原因，回归结果证实：恶性肿瘤、心脏病、呼吸系统疾病死亡率与环境污染高度相关，环境污染是我国人口死亡率增加的真正原因，研究结果说明环境污染确实是我国人口死亡率顺周期波动的重要原因。曲卫华、颜志军（2015）采用中国30个省市自治区1997年至2000年的省际面板数据研究环境污染、经济增长与医疗卫生服务对居民公共健康水平的影响，研究发现：环境污染、经济增长、医疗卫生服务与居民公共健康存在长期均衡的协整关系。阚海东、邬堂春（2002）研究发现，我国二氧化硫排放与我国居民死亡率有密切关系，我国二氧化硫排放显著提高了我国的居民死亡率。Pope（2002）以美国 500 000 居民为样本对人口死亡率进行研究，研究表明：空气中的细颗粒物浓度每升高 10μg/m3，肺心病死亡率、肺癌死亡率与总死亡率的风险性分别增加 6%、8%、4%。Beelen（2014）采用特定队列 COX 比例风险模型研究空气污染对人口死亡率的影响，研究表明：空气污染对所有心血管疾病死亡风险率的影响接近于 1。Chen Yuyu（2013）研究发现，我国北方 5 亿居民因严重的空气污染，平均每人减少 5 年寿命，空气污染与人口死亡率正相关。

　　作者基于中国 2008 年至 2016 年的省际面板数据，构建相关计量模型研究中国二氧化硫排放对中国人口死亡率的影响大小。本章研究的贡献主要体现在：本章不仅论证了我国二氧化硫排放对当期我国人口死亡率的影响大小，还论证了我国二氧化硫排放对滞后期我国人口死亡率的影响大小，从而弥补了相关文献没有分析二氧化硫排放对滞后期人口死亡率影响的不足。本章结构安排如下：第一节为引言，第二节为文献回顾，第三节为计量模型研究设计，第四节为研究结论。

第三节　计量模型研究设计

（一）样本选择

　　作者以我国 31 个省份为分析样本，分别为：北京、天津、河北、山西、内蒙古、辽宁、吉林、黑龙江、上海、江苏、浙江、安徽、福建、江西、山东、河南、湖北、湖南、广东、广西、海南、重庆、四川、贵州、云南、西藏、陕西、甘肃、青海、宁夏、新疆。

（二）数据来源及变量说明

1. 数据来源

　　作者选取中国 2008 年至 2016 年的省际面板数据进行实证分析，数据来源于历年《中国统计年鉴》。

2. 变量定义

　　本章中的被解释变量为人口死亡率，以 mortality 表示，计量单位为‰；

核心解释变量为二氧化硫排放，以 SO_2 表示，计量单位为万吨。其他解释变量分别为：经济发展水平、科技进步、医疗水平、受教育程度。

表 1　其他解释变量的相关说明

RGDP	表示经济发展水平	以人均国内生产总值表示经济发展水平	元/人	人均国内生产总值越大，经济发展状况越好。
technology	表示科技水平	以规模以上工业企业有效发明专利数表示	件	规模以上工业企业有效发明专利数越多，科技水平越先进。
medicine	表示医疗水平	以每万人拥有的卫生技术人员数表示医疗水平	人	每万人拥有的卫生技术人员数越多，医疗水平越先进。
education	表示受教育程度	以每十万人口高等学校平均在校学生人数表示受教育程度	人	每十万人口高等学校平均在校学生人数越多，受教育程度越高。

3. 各变量所对应数据的统计性描述

表 2 为本章中各变量所对应数据的统计性描述。

表 2　各变量的统计性描述

变量	观察值	平均值	标准差	最小值	最大值
mortality	279	5.956 738	0.744 590 4	4.21	7.28
SO_2	279	64.647 59	41.781	0.166	182.739 7
RGDP	279	42 056.23	22 374.4	9 855	118 198
technology	279	10 624.91	23 759.39	19	236 918
medicine	279	52.770 61	18.383 34	22	155
education	279	2 416.638	925.759 2	969	6 750

4. 回归分析

4.1 散点图及拟合线分析

图 2 以我国 31 个省份为分析样本的二氧化硫排放量与人口死亡率的散

点图及拟合线。图2中的拟合线显示我国二氧化硫排放量与人口死亡率之间为明显的正相关线性关系。

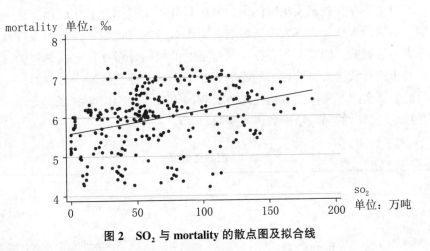

图2 SO₂ 与 mortality 的散点图及拟合线

4.2 回归结果报告

4.2.1 不存在控制变量时的回归结果

本章中的 RGDP、technology、medicine、education 这四个解释变量为控制变量。不存在这些控制变量时的回归结果如表3所示。

表3 回归结果报告

被解释变量：mortality	回归系数及显著性
核心解释变量：SO₂	0.005 704 9 *** (5.62)
截距项	5.58 793 *** (71.60)

注：括号内的数字为 t 值。*** 表示通过 1% 的显著性水平检验，** 表示通过 5% 的显著性水平检验，* 表示通过 10% 的显著性水平检验。

表3中，SO₂ 的回归系数为 0.005 704 9，且通过 1% 的显著性水平检验。这说明不存在控制变量影响时，随着我国二氧化硫排放量的增加，我国的人口死亡率会增加。我国二氧化硫排放量每增加 1 万吨，我国人口死亡率会增加 0.005 704 9‰。也就是我国二氧化硫排放量每增加 100 万吨，

我国人口死亡率会增加 0.570 49‰。

4.2.2 存在控制变量时的回归结果

由于不存在控制变量时的回归分析只分析了我国二氧化硫排放这一个因素对我国人口死亡率大小的影响,而没有考虑其他因素对我国人口死亡率大小的影响。因此,不存在控制变量时的回归分析往往会高估我国二氧化硫排放对我国人口死亡率的影响大小。因此,存在控制变量时的回归分析能够真实测度我国二氧化硫排放对我国人口死亡率影响的真实大小。存在控制变量时的回归结果如表 4 所示。

表 4　回归结果报告

被解释变量:mortality	回归系数及显著性
SO_2	0.004 348 7 ***
	(4.46)
RGDP	4.85E-06
	(1.61)
technology	(-4.17E-06) **
	(-2.22)
medicine	-0.023 940 9 ***
	(-6.53)
education	0.000 186 1 ***
	(2.66)
常数项	6.329 609 ***
	(40.19)

注:括号内的数字为 t 值。*** 表示通过 1% 的显著性水平检验,** 表示通过 5% 的显著性水平检验,* 表示通过 10% 的显著性水平检验。

表 4 中,SO_2 的回归系数为 0.004 348 7,且通过 1% 的显著性水平检验,这说明存在控制变量影响时,我国二氧化硫排放量的增加会对我国的人口死亡率的增加产生显著影响;我国二氧化硫排放量每增加 1 万吨,我国人口死亡率会增加 0.004 348 7‰,即我国二氧化硫排放量每增加 100 万吨,我国人口死亡率会增加 0.434 87‰。

表 4 中 SO_2 的回归系数 0.004 348 7,为我国二氧化硫排放对我国人口死亡率影响的真实大小。表 3 中 SO_2 的回归系数 0.005 704 9,要大于表 4

中 SO_2 的回归系数 0.004 348 7，这说明不存在控制变量时的回归分析确实高估了我国二氧化硫排放对我国人口死亡率的影响大小。

表 4 中，RGDP 的回归系数为正数，但没有通过 10% 的显著性水平检验。technology 的回归系数为负值，且通过 5% 的显著性水平检验，这说明我国科技水平的提高对我国的人口死亡率有显著的抑制作用。medicine 的回归系数为负值，且通过 1% 的显著性水平检验，这说明我国医疗水平的提高对我国的人口死亡率有显著的抑制作用。education 的回归系数为正值，且通过 1% 的显著性水平检验，这说明我国教育水平的提高对我国的人口死亡率有显著的促进作用。

4.2.3 滞后效应检验

作者对存在控制变量影响时我国二氧化硫排放对人口死亡率的影响是否存在滞后效应进行了检验。滞后效应检验能够体现出当期二氧化硫排放对滞后期人口死亡率的影响，表 5 为检验结果。

表 5 回归结果报告

被解释变量：mortality	滞后 1 期时回归系数及显著性	滞后 2 期时回归系数及显著性	滞后 3 期时回归系数及显著性	滞后 4 期时回归系数及显著性	滞后 5 期时回归系数及显著性	滞后 6 期时回归系数及显著性
SO_2_1	0.005 315 1*** (5.62)					
SO_2_2		0.005 469 1*** (5.79)				
SO_2_3			0.005 695*** (6.05)			
SO_2_4				0.005 425 3*** (5.71)		
SO_2_5					0.004 401 3*** (4.56)	
SO_2_6						0.003 468*** (3.53)

注：表 5 中 SO_2_1 表示滞后 1 期的 SO_2，SO_2_2 表示滞后 2 期的 SO_2，$SO_2\_$ 3 表示滞后 3 期的 SO_2，SO_2_4 表示滞后 4 期的 SO_2，SO_2_5 表示滞后 5 期的

SO_2，SO_2_6 表示滞后 6 期的 SO_2。本表中没有报告控制变量的回归结果。括号内的数字为 t 值。*** 表示通过 1% 的显著性水平检验，** 表示通过 5% 的显著性水平检验，* 表示通过 10% 的显著性水平检验。

表 5 中，SO_2_1、SO_2_2、SO_2_3、SO_2_4、SO_2_5、SO_2_6 的回归系数均为正值，且均通过 1% 的显著性检验，这说明我国二氧化硫排放对人口死亡率的影响存在滞后效应。即我国当期二氧化硫排放不仅会增加当期的人口死亡率，还会在当期之后（滞后期）增加人口死亡率。SO_2_1、SO_2_2、SO_2_3、SO_2_4、SO_2_5、SO_2_6 的回归系数分别为：0.005 315 1、0.005 469 1、0.005 695、0.005 425 3、0.004 401 3、0.003 468，这表明滞后期的回归系数先增加后减少，在滞后第 3 期达到最大。

表 4 中 SO_2 的回归系数为 0.004 348 7，再结合表 5 中 SO_2_1、SO_2_2、SO_2_3、SO_2_4、SO_2_5、SO_2_6 的回归系数 0.005 315 1、0.005 469 1、0.005 695、0.005 425 3、0.004 401 3、0.003 468 可知，我国二氧化硫排放对人口死亡率的影响，是从当期开始不断增加，在滞后第 3 期达到最大，然后开始减少。

4.2.4 交互项检验

表 6 中，SO_2_RGDP 表示 SO_2 与 RGDP 的交互项，SO_2_patent 表示 SO_2 与 patent 的交互项，$SO_2\_medicine$ 表示 SO_2 与 medicine 的交互项，$SO_2\_education$ 表示 SO_2 与 education 的交互项。表 6 中，SO_2_RGDP、SO_2_patent、$SO_2\_medicine$ 的回归系数均不显著。

$SO_2\_education$ 的回归系数为正数且通过 1% 的显著性水平检验，这说明二氧化硫排放与受教育程度的交互作用会对人口死亡率有促进作用。也就是在二氧化硫排放量越高的地区，人口受教育程度越高，则该地区的人口死亡率越大。

表 6　回归结果报告

	回归结果及显著性	回归结果及显著性	回归结果及显著性	回归结果及显著性
SO_2_RGDP	4.82E-08 （1.03）			

续表

	回归结果及显著性	回归结果及显著性	回归结果及显著性	回归结果及显著性
SO_2_patent	6. 43E−08 （0. 98）			
SO_2_medicine		−0. 000 052 1 （−0. 80）		
SO_2_education				3. 76E−06 *** （2. 69）

注：表 6 中 SO_2_1 表示滞后 1 期的 SO_2，SO_2_2 表示滞后 2 期的 SO_2，SO_2_3 表示滞后 3 期的 SO_2，SO_2_4 表示滞后 4 期的 SO_2，SO_2_5 表示滞后 5 期的 SO_2，SO_2_6 表示滞后 6 期的 SO_2。本表中没有报告控制变量的回归结果。括号内的数字为 t 值。*** 表示通过 1% 的显著性水平检验，** 表示通过 5% 的显著性水平检验，* 表示通过 10% 的显著性水平检验。

4.2.5 二次项检验和三次项检验

表 7 中，$SO_2 \times SO_2$ 表示 SO_2 的二次项（平方项）。表 7 中，$SO_2 \times SO_2$ 的回归系数为负数，且通过 5% 的显著性水平检验。这说明我国二氧化硫排放与人口死亡率之间不仅存在正相关的线性关系，还存在倒 U 形的非线性关系。

表 7　回归结果

被解释变量：mortality	回归系数及显著性
SO_2	0. 010 842 7 *** （3. 29）
$SO_2 \times SO_2$	−0. 000 042 5 ** （−2. 06）
RGDP	6. 15E−06 （2. 01）
technology	（−5. 05E−06）*** （−2. 63）
medicine	−0. 023 050 1 *** （−6. 53）
education	0. 000 186 1 *** （6. 28）

续表

被解释变量：mortality	回归系数及显著性
常数项	6. 126 936 ***
	（33. 13）

注：括号内的数字为 t 值。*** 表示通过 1% 的显著性水平检验，** 表示通过 5% 的显著性水平检验，* 表示通过 10% 的显著性水平检验。

表 8 中，$SO_2 \times SO_2 \times SO_2$ 的回归系数为正数，但没有通过显著性水平检验。这说明我国二氧化硫排放与人口死亡率之间不存在三次函数关系。再结合表 4、表 7 的分析可知：我国二氧化硫排放与人口死亡率之间存在显著的正相关的线性函数关系，还存在显著的倒 U 形的非线性关系，但不存在三次函数关系。

表 8　回归结果报告

被解释变量：mortality	回归系数及显著性
SO_2	0. 017 561 2 ***
	（2. 69）
$SO_2 \times SO_2$	−0. 000 153 2
	（−1. 61）
$SO_2 \times SO_2 \times SO_2$	4. 71E−07
	（1. 19）
RGDP	6. 11E−06
	（2. 00）
technology	（−5. 13E−06）***
	（−2. 67）
medicine	−0. 022 924 4 ***
	（−6. 24）
education	0. 000 158 1 **
	（2. 24）
常数项	6. 049 893 ***
	（30. 91）

注：括号内的数字为 t 值。*** 表示通过 1% 的显著性水平检验，** 表示通过 5% 的显著性水平检验，* 表示通过 10% 的显著性水平检验。

5. 稳健性检验

5.1 内生性检验

作者以 mortality_1 为被解释变量进行回归分析，以消除回归分析过程中的内生性问题。mortality_1 为滞后 1 期的 mortality 变量，回归结果如表 9 所示。

表 9　回归结果报告

被解释变量：mortality_1	回归系数及显著性
SO_2	0.004 014 9 ***
	(4.05)
RGDP	2.46E-06
	(0.78)
technology	(−3.58E−06) **
	(−1.87)
medicine	−0.020 319 ***
	(−5.41)
education	0.000 153 6 ***
	(2.09)
常数项	6.335 854 ***
	(38.61)

注：括号内的数字为 t 值。*** 表示通过 1% 的显著性水平检验，** 表示通过 5% 的显著性水平检验，* 表示通过 10% 的显著性水平检验。

表 9 中，SO_2 的回归系数为 0.004 014 9，与表 4 中 SO_2 的回归系数 0.004 348 7 接近，且通过 1% 的显著性水平检验。这说明采用 mortality_1 为被解释变量进行回归分析时，我国二氧化硫排放量的增加仍然会对我国的人口死亡率的增加产生显著影响，同时也说明了表 4 中回归结果的可靠性。

5.2 按人均 GDP 大小的分组检验

根据表 2 中各变量所对应数据的统计性描述，本章按人均 GDP 大小对所有样本进行分组。表 2 中, RGDP 的平均值为 42 056.23。本章的所有样本为 289 个, 作者将所有样本分为两组。一组的 RGDP 大于 42 056.23, 共 101 个样本; 另一组的 RGDP 小于 42 056.23, 共 178 个样本。人均 GDP 能够反映一国或地区的经济繁荣程度。因此, 作者将 RGDP 大于 42 056.23 的样本划归为经济发达地区的样本, 作者将 RGDP 小于 42 056.23 的样本划归为经济落后地区的样本。

表 10　回归结果报告

被解释变量: mortality	经济发达地区样本的 回归系数及显著性	经济落后地区样本的 回归系数及显著性
SO_2	0.004 346 5 *** (2.27)	0.003 713 55 *** (3.19)
RGDP	6.51E-07 (0.15)	5.16E-06 (0.54)
technology	(−5.21E−06) ** (−2.49)	(0.000 020 6) ** (2.22)
medicine	−0.023 268 4 *** (−4.47)	−0.028 132 3 *** (−3.87)
education	0.000 190 1 * (1.72)	0.000 086 5 (0.80)
常数项	6.612 431 *** (17.01)	6.638 901 *** (24.32)

注: 括号内的数字为 t 值。*** 表示通过 1% 的显著性水平检验, ** 表示通过 5% 的显著性水平检验, * 表示通过 10% 的显著性水平检验。

表 10 为分组后的回归结果。在经济发达地区样本回归中, SO_2 的回归系数为 0.004 346 5, 且通过 1% 的显著性水平检验; 在经济落后地区样本回归中, SO_2 的回归系数为 0.003 713 55, 且通过 1% 的显著性水平检验。这说明不论在经济发达地区还是在落后地区, 我国二氧化硫排放量均会显著提高我国的人口死亡率。由于在经济发达地区样本回归中 SO_2 的回归系数大于经济落后地区 SO_2 的回归系数, 这说明在经济发达地区二氧化硫排放量对我国的人口死亡率的影响大于经济落后地区二氧化硫排放量对我国的人口死亡率的影响。

在经济发达地区样本回归中，technology 的回归系数为$-5.21\mathrm{E}-06$，且通过5%的显著性水平检验。这说明在经济发达地区，科技进步对人口死亡率有明显的抑制作用。在经济落后地区样本回归中，technology 的回归系数为0.000 020 6，且通过5%的显著性水平检验。这说明在落后地区，科技进步对当地人口死亡率会产生显著的促进作用。

在经济发达地区样本回归中，medicine 的回归系数为$-0.023\ 268\ 4$，且通过1%的显著性水平检验。在经济落后地区样本回归中，medicine 的回归系数为$-0.028\ 132\ 3$，且通过1%的显著性水平检验。这说明不论在经济发达地区还是经济落后地区，医疗水平对人口死亡率均有明显的抑制作用。由于在经济发达地区样本回归中 medicine 的回归系数为$-0.023\ 268\ 4$，而经济落后地区样本回归中 medicine 的回归系数为$-0.028\ 132\ 3$，这说明经济落后地区医疗水平对人口死亡率的抑制作用大于经济发达地区医疗水平对人口死亡率的抑制作用。

5.3 中国 SO_2 排放增加导致中国人口死亡率增加的解释

作者主要从中国 SO_2 排放增加导致中国人口死亡率增加的传导机制进行相关解释。中国 SO_2 排放增加导致中国人口死亡率增加的传导机制主要包括间接传导机制和直接传导机制。图3为我国 SO_2 排放增加导致我国人口死亡率增加的间接传导机制逻辑图。肺病、心血管疾病、心脏病等疾病与 SO_2 排放有密切的关系。我国的 SO_2 排放量增加，会导致我国居民的肺病、心血管疾病、心脏病等疾病增加，进而导致患肺病、心血管疾病、心脏病等疾病的死亡人数增加，进而导致我国总体的人口死亡率增加。

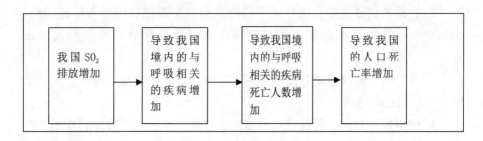

图3 SO_2 排放增加导致人口死亡率增加的间接传导机制逻辑图

图4为我国 SO_2 排放增加导致我国人口死亡率增加的直接传导机制逻

辑图。SO_2 本身是一种促癌物质，二氧化硫排放的增加强化了致癌物质的作用，直接导致我国癌症人口死亡率增加，进而导致我国总体的人口死亡率增加。

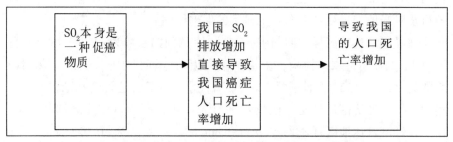

图 4 SO_2 排放增加导致人口死亡率增加的直接传导机制逻辑图

第四节   本章小结

作者基于中国 2008 年至 2016 年的省际面板数据，构建计量模型研究了二氧化硫排放对人口死亡率的影响，得到如下研究结论：

1. 我国二氧化硫排放会显著提高我国的人口死亡率。二氧化硫排放量每增加 100 万吨，我国人口死亡率会增加 0.434 87‰。我国二氧化硫排放对我国人口死亡率的影响还存在滞后效应。我国当期二氧化硫排放对人口死亡率滞后影响的最大值处于第 3 期。在经济发达地区二氧化硫排放对我国人口死亡率的影响大于经济落后地区二氧化硫排放对我国的人口死亡率的影响。

2. 我国的科技进步、医疗水平的提高会显著降低我国的人口死亡率，但教育水平的提高却能显著提高我国在二氧化硫排放影响下的人口死亡率。

3. 在二氧化硫排放量越高的地区，如果人口受教育程度越高，则该地区的人口死亡率越高。

4. 经济发达地区，科技进步对当地人口死亡率有明显的抑制作用；在落后地区，科技进步会显著提高当地的人口死亡率。经济落后地区医疗水平对当地人口死亡率的抑制作用大于经济发达地区医疗水平对当地人口死亡率的抑制作用。

上海合作组织成员国能源安全指标体系的构建与上海合作组织成员国之间的能源合作意愿差异化研究

第一节 上海合作组织能源安全指标构成系统

采用信息化手段、以网络化形式构建上海合作组织各成员国可以共享的能源安全数据库。上海合作组织能源安全数据库包括煤炭子系统数据库、石油子系统数据库、天然气子系统数据库、电力子系统和综合子系统数据库。其中，综合子系统数据根据煤炭子系统、石油子系统、天然气子系统、电力子系统数据的加权平均得到。

上海合作组织可以构建专门的能源安全数据库机构，该机构可设在北京或俄罗斯，上海合作组织各成员国实时向该机构提供本国能源数据，然后该机构对上海合作组织成员国的能源安全数据进行分析，以便构建上海合作组织能源安全指标体系。上海合作组织能源安全数据库机构，要定期发布能源安全指标体系的相关数据报告，同时要实时公布能源安全预警级别。对于上海合作组织能源安全数据库的相关数据，各成员国应随时共享。

上海合作组织能源安全数据库指标主要包括 5 大类指标，分别为：供需要素指标、运输要素指标、突变要素指标、经济安全要素指标、生态环境要素指标。每一大类指标又由相应的具体指标构成。上海合作组织能源安全指标体系的逻辑图，如图 1 所示。

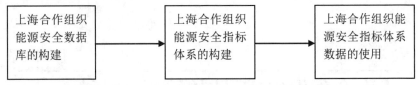

图1 上海合作组织能源安全指标体系逻辑图

表1是上海合作组织能源安全指标体系的构成要素。

表1 上海合作组织能源安全指标体系的构成要素

构成要素	煤炭子系统	石油子系统	天然气子系统	电力子系统	综合子系统
供需要素指标	煤炭储采比	石油储采比	天然气储采比	电力供需比	能源供需比
	煤炭供需比	石油供需比	天然气供需比	发电装机容量	可再生能源增长率
	煤炭库存率	石油储备天数	天然气储备天数	电力区域供需平衡度	能源消费增长率
	煤炭区域供需平衡度	石油区域供需平衡度	天然气区域供需平衡度	电力消费增长率	能源区域供需平衡度
	煤炭储备天数	石油对外依存度	天然气对外依存度	电力供给增长率	能源储备天数
	煤炭品质等级	石油品质等级	天然气品质等级	电力对外依存度	能源供给增长率
运输要素指标	煤炭运输能力满足率	石油进口运输安全度	天然气进口运输安全度	电网输送能力	重大输能工程安全度
突变要素指标	煤炭领域突发重大事件的概率	石油炭领域突发重大事件的概率	天然气领域突发重大事件的概率	电力领域突发重大事件的概率	能源领域突发重大事件的概率
经济安全要素指标	煤炭行业价格波动率	石油行业价格波动率	天然气行业价格波动率	电力行业价格波动率	能源价格波动率
	煤炭行业平均利润率	石油行业平均利润率	天然气行业平均利润率	电力行业平均利润率	能源消费弹性系数
	煤炭行业投入产出比	石油行业投入产出比	天然气行业投入产出比	电力行业投入产出比	单位GDP能耗
生态环境要素指标	煤炭行业"三废"减排率	石油行业"三废"减排率	天然气行业"三废"减排率	电力行业"三废"减排率	能源"三废"减排率

根据各指标偏离正常范围的程度，可分别构建对应的预警系统，分别为：一级红色预警、二级橙色预警、三级黄色预警和四级绿色预警。例如，煤炭储采比数据超过正常范围 20%，煤炭储采比指标对应于二级橙色预警。

表 2　上海合作组织能源安全预警体系的构成

警情级别：	四级绿色预警	三级黄色预警	二级橙色预警	一级红色预警
指标超过正常范围的程度：	正常范围	超过正常范围 0% 至 10%	超过正常范围的 10% 至 50%	超过正常范围的 50%

上海合作组织成员国能源安全指标体系的构建，能够更好地为上海合作组织成员国的能源安全保驾护航，有利于成员国的能源消费、能源供给及成员国之间的能源合作，也能够促进上海合作组织区域内能源资源的优化配置，从而促进上海合作组织区域的经济增长。

第二节　上海合作组织成员国之间能源合作意愿差异化分析[1]

（一）文献回顾

上海合作组织成员国之间的能源合作问题是近些年来学术界研究的一个热点问题。上海合作组织成员国位于"一带一路"倡议的核心区域，同时能源合作问题是"一带一路"倡议所涉及的核心问题之一。随着"一带一路"倡议的不断推进，对上海合作组织成员国之间的能源合作问题进行研究，就显得尤为必要。近些年来，我国学者从不同角度对上海合作组织成员国之间的能源合作问题进行了相关研究。

从博弈的角度对上海合作组织成员国之间的能源合作问题进行的相关研究的文献回顾。耿晔强、马志敏（2011）运用动态博弈模型分析中国与上海合作组织成员国之间的能源合作问题，研究表明：提高能源合作的收益、降低能源合作成本有利于能源合作的顺利进行。陈小沁（2011）研究

---

〔1〕　本章内容发表于《上海合作组织成员国之间能源合作问题研究》一书，上海社会科学院出版社，作者李鹏，2018 年 4 月第 1 版。

指出，中国和俄罗斯为两个大国，上海合作组织成员国的能源合作必须平衡中俄两国利益。李葆珍（2010）研究表明，俄罗斯的态度对于上海合作组织成员国之间的能源合作显得至关重要。

从构建上海合作组织能源俱乐部的角度对上海合作组织成员国之间的能源合作问题进行的相关研究的文献回顾。强晓云（2014）提出构建上海合作组织能源俱乐部的构想以加强成员国之间的能源合作，中俄两国有推动上海合作组织能源俱乐部向前发展的实力，又有在上海合作组织能源俱乐部中发挥领导力的意愿。郭宏（2014）指出能源合作是上海合作组织框架内经济合作的重中之重，该框架内的能源合作需要突破合作机制的不确定性，不断促进能源合作向多元化、纵深化方向发展。

从能源战略角度对上海合作组织成员国之间的能源合作问题进行的相关研究的文献回顾。孙永祥（2009）研究指出，上海合作组织成员国的能源战略存在一定的差异性，从而导致成员国之间的能源合作存在一定的障碍，同时外部势力的干扰也对成员国之间的能源合作产生一定的负面影响。刘乾、周砥（2013）指出中国与上海合作组织成员国的能源合作已经取得突破性进展，拥有了自己的战略利益和资源基础。

从能源合作的形式对上海合作组织成员国之间的能源合作问题进行的相关研究的文献回顾。许勤华（2012）指出上海合作组织框架内既有大量的双边能源合作，又有一定的多边能源合作，《西安倡议》表明上海合作组织框架内的多边能源合作取得重大突破。刘素霞、钱晓萍（2013）提出建立以丝绸之路经济带为地缘依托、以能源合作为重点、包含货物、服务和投资三位一体的自由贸易区。王海燕（2010）指出 2008 年以后上海合作组织成员国之间的能源合作出现了依赖加深、能源供求多元化的格局。

上述文献主要存在以下两点不足：一是相关文献主要研究中国与上合组织中其他成员国之间的能源合作，并没有分析除中国之外的成员国之间的能源合作。二是相关研究主要是定性分析，缺乏定量研究，尤其是缺乏对能源合作意愿大小的计算分析。

能源合作问题必然要涉及能源合作参与方的合作意愿大小的计算及能源合作意愿大小的动态变化分析，然而相关学者并没有进行相关研究。上海合作组织成员国之间能源合作的意愿究竟强不强烈？能源合作意愿的大小如何变化？这些问题是学术界迫切需要解决的问题。本章的研究将对这些问题进行相关实证研究。

本章的创新性主要体现在：从能源合作意愿差异化的角度进行分析是
一个崭新的研究视角。本章对能源合作意愿大小进行了相关计算，并结合
动态博弈模型对能源合作意愿大小进行了动态分析。

（二）上海合作组织成员国能源缺口数据分析

本章中的上海合作组织成员国包括：中国、俄罗斯、哈萨克斯坦、吉
尔吉斯斯坦、塔吉克斯坦、乌兹别克斯坦[1]。表3为上海合作组织成员
国2006年至2025年的能源缺口数据，其中能源缺口为能源的生产量减去
能源的消费量。表3中相关原始数据来源于国家统计局官方网站公布的国
家数据库。2006年至2011年的能源缺口数据根据各国能源生产量、消费
量的原始数据进行计算，2012年至2025年能源缺口数据是根据2006年至
2011年相关数据进行回归分析得到的预测数据[2]。

一般而言，如果一国能源缺口值为负值，表明能源生产量小于能源消
费量，该国为能源净进口国，该国能源净进口量为能源缺口值的绝对值；
如果一国能源缺口值为正值，表明能源生产量大于能源消费量，该国为能
源净出口国，该国能源净出口量为能源缺口值。表3中数据显示，中国、
吉尔吉斯斯坦、塔吉克斯坦为能源净进口国，俄罗斯、哈萨克斯坦、乌兹
别克斯坦为能源净出口国。

表3数据显示，中国、吉尔吉斯斯坦在2012年之后的能源净进口量不
断增加，塔吉克斯坦在2012年之后的能源净进口量不断减少；俄罗斯、乌
兹别克斯坦的能源净出口量不断增加，哈萨克斯坦的能源净出口量不断减
少。表3数据还显示，中国是上海合作组织成员国中最大的能源净进口国，
俄罗斯是上海合作组织成员国中最大的能源净出口国；塔吉克斯坦是上海
合作组织成员国中最小的能源净进口国，乌兹别克斯坦是上海合作组织成
员国中最小的能源净出口国。

---

[1]　本章中的上海合作组织成员国指2017年之前的上海合作组织成员国。
[2]　由于国家统计局官方网站公布的国家数据库中关于上海合作组织成员国能源生产量和
能源消费量的数据截止到2011年，所以2011年之后的上海合作组织成员国的相关能源数据，本
章采用2011年之前的能源数据进行回归分析得到。表3中的部分数据直接引用《中国与中亚国家
能源合作问题研究——基于合作意愿差异化视角的分析》一文，该文发表于《经济问题探索》，
2017年第2期，作者李鹏。

表3　上海合作组织成员国能源缺口数据（单位：千吨标准油）

年份	中国	俄罗斯	哈萨克斯坦	吉尔吉斯斯坦	塔吉克斯坦	乌兹别克斯坦
2006	−291 638	556 327.07	66 289.8	−1 163.08	−895.03	9 617.12
2007	−330 556	566 538.4	65 889.29	−1 402.98	−1 008.89	11 083.21
2008	−302 039	565 439.76	74 386.55	−1 712.01	−984.97	11 519.06
2009	−349 886	543 707.38	84 531.55	−1 298	−984.97	11 882.49
2010	−339 323	590 756.32	82 307.27	−1 531.2	−860.67	11 360.06
2011	−327 730	583 905.45	82 046.43	−1 477.78	−853.58	9 512.68
2012	−50 918	387 324	85 768.59	−1 585.67	−782.242	10 896.33
2013	−58 192	449 716	86 323.55	−1 629.87	−722.642	10 915.52
2014	−65 466	526 358	86 030.24	−1 674.06	−653.904	10 934.71
2015	−72 740	617 250	84 888.6	−1 718.26	−576.03	10 953.9
2016	−80 014	722 392	82 898.8	−1 762.46	−489.018	10 973.09
2017	−87 288	841 784	80 060.6	−1 806.65	−392.87	10 992.28
2018	−94 562	975 426	76 374.2	−1 850.85	−287.584	11 011.47
2019	−101 836	1 123 318	71 839.5	−1 895.04	−173.16	11 030.66
2020	−109 110	1 285 460	66 456.5	−1 939.24	−49.6	11 049.85
2021	−116 384	1 461 852	60 225.2	−1 983.44	83.098	11 069.04
2022	−123 658	1 652 494	53 145.6	−2 027.63	224.932	11 088.23
2023	−130 932	1 857 386	45 217.8	−2 071.83	375.904	11 107.42
2014	−138 206	2 076 528	36 441.7	−2 116.02	536.014	11 126.61
2025	−145 480	2 309 920	26 817.3	−2 160.22	705.26	11 145.8

注：作者按照1吨标准油约等于1.43吨标准煤对中国能源相关数据进行了相关计算。能源缺口=能源生产量−能源消费量。

（三）上海合作组织成员国之间能源合作的存在性分析

1. 能源合作的前提条件

根据国际贸易原理可知，剩余商品的出现是国际贸易产生的前提条件。这些剩余商品在国与国之间交换，就产生了国际贸易，从而国与国之间的经济合作才存在。就能源合作而言，能源过剩国与能源短缺国同时存在，能源合作才存在。也就是只有当两国能源存在互补性时，两国能源合作才存在。当一国为能源净进口国，另一国为能源净出口国时，则两国能源存在互补性，两国能源合作存在；如果一国为能源净进口国，另一国也为能源净进口国，则两国能源不存在互补性，两国能源合作就不存在；如果一国为能源净出口国，另一国也为能源净出口国，则两国能源不存在互补性，两国能源合作也不存在。

2. 上海合作组织成员国之间能源合作的存在性分析

由上表中数据可知，上海合作组织成员国中中国、塔吉克斯坦、吉尔吉斯斯坦为能源净进口国，而上海合作组织成员国中俄罗斯、哈萨克斯坦、乌兹别克斯坦为能源净出口国。因此，中国–俄罗斯、中国–哈萨克斯坦、中国–乌兹别克斯坦、塔吉克斯坦–俄罗斯、塔吉克斯坦–哈萨克斯坦、塔吉克斯坦–乌兹别克斯坦、吉尔吉斯斯坦–俄罗斯、吉尔吉斯斯坦–哈萨克斯坦、吉尔吉斯斯坦–乌兹别克斯坦能源合作存在。上海合作组织成员国之间能源合作的存在性如表4和图2所示。

表4　上海合作组织成员国之间能源合作的存在性分析

	中国	俄罗斯	哈萨克斯坦	乌兹别克斯坦	塔吉克斯坦	吉尔吉斯斯坦
中国		存在	存在	存在	不存在	不存在
俄罗斯	存在		不存在	不存在	存在	存在
哈萨克斯坦	存在	不存在		不存在	存在	存在
乌兹别克斯坦	存在	不存在	不存在		存在	存在
塔吉克斯坦	不存在	存在	存在	存在		不存在
吉尔吉斯斯坦	不存在	存在	存在	存在	不存在	

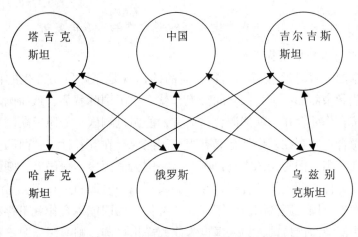

图2 上海合作组织成员国之间能源合作的存在性分析〔1〕

3. 上海合作组织成员国之间能源合作的客观事实分析

表5为上海合作组织成员国之间能源合作的典型客观事实。表5中的客观事实证实了表4和图2中上海合作组织成员国之间能源合作存在性的正确性。

表5 上海合作组织成员国之间能源合作的典型客观事实

合作对象	典型的能源合作事实
中国-俄罗斯	2009年，中国与俄罗斯签订《石油领域合作谅解备忘录》，达成石油换贷款的协议。
中国-哈萨克斯坦	2003年中哈签署了分阶段建设从哈萨克斯坦阿特劳——中国阿拉山口输油管道的协议，一期2006年竣工，二期2009年竣工投产。
中国-乌兹别克斯坦	2004年中石油与乌兹别克斯坦国家石油天然气公司签署互惠合作协议。
吉尔吉斯斯坦–俄罗斯	2011年吉尔吉斯斯坦政府与俄罗斯天然气工业石油公司签署能源协议。

〔1〕 图2中任意两国之间出现的双向箭头表示该两国之间的能源合作存在，如果任意两国之间没有出现双向箭头，则表示该两国之间的能源合作不存在。

续表

合作对象	典型的能源合作事实
吉尔吉斯斯坦–哈萨克斯坦	两国于 2004 年 3 月 25 日组建吉哈天然气公司。
吉尔吉斯斯坦–乌兹别克斯坦	1998 年吉尔吉斯斯坦与乌兹别克斯坦签署 5 亿方用于发电协议。
塔吉克斯坦–俄罗斯	2012 年俄罗斯与塔吉克斯坦签署了关于供应石油及石油产品的备忘录。
塔吉克斯坦–哈萨克斯坦	2015 年前 7 个月塔吉克斯坦进口 18.5 万吨液化天然气，液化天然气的主要供货商来自哈萨克斯坦。
塔吉克斯坦–乌兹别克斯坦	2012 年塔吉克斯坦从乌兹别克斯坦进口天然气 1.32 亿立方米。

（四）上海合作组织成员国之间能源合作初始意愿大小的计算

1. 上海合作组织成员国中能源合作初始意愿大小的计算公式

表 4 和图 2 说明了上海合作组织成员国之间能源合作的存在性，即成员国之间存在能源合作意愿。上海合作组织成员国之间能源合作意愿的大小究竟有多大，本章从能源合作意愿差异化（合作意愿的非对称性）角度进行了计算。所谓能源合作意愿差异化（合作意愿的非对称性）是指能源合作双方的合作意愿大小不相等，实际上，在两国能源合作的过程中，国家 A 非常愿意与国家 B 进行能源合作，而国家 B 不一定愿意与国家 A 进行能源合作，从而形成了能源合作双方的合作意愿的大小的不一致、不相等。

　　一国能源合作意愿的大小主要与该国能源缺口及合作方能源缺口有关[1]。本章以 2016 年为初始年份，则 2016 年的一国的能源合作意愿为该国能源合作的初始意愿。本章计算了上海合作组织成员国之间能源合作

---

　　[1]　本章不考虑交通距离、国际关系、能源进出口价格等因素对上海合作组织成员国之间能源合作意愿大小的影响。

的初始意愿大小，如表 6 所示 [1]。以中俄两国为例来说明上海合作组织
成员国之间能源合作初始意愿大小的计算过程 [2]。其中中国为能源净进
口国，俄罗斯为能源净出口国。

$$H_{中国} = 1 - \frac{E_{上} - E_{俄}}{I_{中} + E_{上}} \qquad (1)$$

$$H_{俄罗斯} = 1 - \frac{I_{上} - I_{中}}{E_{俄} + I_{上}} \qquad (2)$$

公式（1）中，$H_{中国}$ 表示在初始年份 2016 年中国愿意与俄罗斯进行能
源合作的初始意愿大小值，$E_{上}$ 表示上海合作组织成员国中能源净出口国的
能源缺口的总和，即上海合作组织成员国中能源缺口值为正值国家的能源
缺口值的总和。由表 3 知，在 2016 年俄罗斯、哈萨克斯坦、乌兹别克斯坦
为能源净出口国，所对应的缺口值分别为：722 392、82 898.8、10 973.09。
因此，$E_{上}$ = 816 263.89。

$E_{俄}$ 表示俄罗斯的能源净出口值，即俄罗斯的能源缺口值。由表 3 知，
$E_{俄}$ = 722 392。$I_{中}$ 表示中国的能源净进口值，即中国的能源缺口值。由表 3
知，$I_{中}$ = 80 014。由公式（1）可计算出：$H_{中国}$ = 0.895 264。

公式（2）中，$H_{俄罗斯}$ 表示初始年份 2016 年俄罗斯愿意与中国进行能源
合作的初始意愿大小值，$I_{上}$ 表示上海合作组织成员国中能源净进口国的能
源缺口的总和，即上海合作组织成员国中能源缺口值为负值国家的能源缺
口值的总和。由表 3 知，在 2016 年中国、吉尔吉斯斯坦、塔吉克斯坦为能
源净进口国，所对应的缺口值分别为：80 014、1 762.46、489.018。因
此，$I_{上}$ = 82 265。由公式（2）可计算出：$H_{俄罗斯}$ = 0.997 202。

2. 上海合作组织成员国中能源合作初始意愿大小的含义

一般而言，初始合作意愿大小的值越接近 1，表示初始合作意愿越强
烈，初始合作意愿大小的值越接近于 0，表示初始合作意愿越微弱。以表 6

---

〔1〕 由于本章是在上海合作组织范围内分析成员国之间的能源合作意愿大小，因此，本章
计算上海合作组织成员国之间的能源合作意愿大小时只考虑上海合作组织成员国的能源进出口数
据，不考虑上海合作组织成员国之外的国家能源进出口数据对合作意愿大小的影响。

〔2〕 其他成员国之间的能源合作初始意愿大小的计算过程采用类似于中国-俄罗斯之间的能
源合作初始意愿大小的计算过程进行计算。

中第二行、第三列的"$H_{中国} = 0.895\,246$，$H_{俄罗斯} = 0.997\,202$"为例来说明
表6中相关数据的含义。"$H_{中国} = 0.895\,246$"表示中国愿意与俄罗斯进行能
源合作的初始合作意愿值为：$0.895\,246 = 89.524\,6\%$，"$H_{俄罗斯} = 0.997\,202$"
表示俄罗斯愿意与中国进行能源合作的初始合作意愿值为：$0.997\,202 =$
$99.720\,2\%$，数据充分说明了中国-俄罗斯两国在能源合作过程中的初始合
作意愿大小的不相等性，同时还说明中国非常愿意与俄罗斯进行能源合
作，俄罗斯更加愿意与中国进行能源合作。

表6中第二行、第六列的"$H_{中国} = 0$，$H_{塔吉克斯坦} = 0$"为例来说明表6中
相关数据的含义。"$H_{中国} = 0$"表示中国与塔吉克斯坦进行能源合作的初始
合作意愿为0，也就是中国不愿意与塔吉克斯坦进行能源合作；"$H_{塔吉克斯坦} =$
0"表示塔吉克斯坦与中国进行能源合作的初始合作意愿为0，也就是塔吉
克斯坦不愿意与中国进行能源合作。这充分说明中国-塔吉克斯坦之间不
存在能源合作的可能性[1]。由表6中数据可知，中国-塔吉克斯坦、中国-
吉尔吉斯斯坦、俄罗斯-哈萨克斯坦、俄罗斯-乌兹别克斯坦、哈萨克斯
坦-乌兹别克斯坦、塔吉克斯坦-吉尔吉斯斯坦均不存在能源合作的可
能性。

表6 上海合作组织成员国之间能源合作的初始意愿大小分析

	中国	俄罗斯	哈萨克斯坦	乌兹别克斯坦	塔吉克斯坦	吉尔吉斯斯坦
中国		$H_{中国}$ $= 0.895\,264$ $H_{俄罗斯}$ $= 0.997\,202$	$H_{中国}$ $= 0.181\,766$ $H_{哈萨克斯坦}$ $= 0.986\,368$	$H_{中国}$ $= 0.101\,517$ $H_{乌兹别克斯坦}$ $= 0.975\,853$	$H_{中国} = 0$ $H_{塔吉克斯坦} = 0$	$H_{中国} = 0$ $H_{吉尔吉斯斯坦} = 0$
俄罗斯	$H_{俄罗斯}$ $= 0.997\,202$ $H_{中国}$ $= 0.895\,264$		$H_{俄罗斯} = 0$ $H_{哈萨克斯坦} = 0$	$H_{俄罗斯} = 0$ $H_{乌兹别克斯坦} = 0$	$H_{俄罗斯}$ $= 0.898\,371$ $H_{塔吉克斯坦}$ $= 0.885\,067$	$H_{俄罗斯}$ $= 0.899\,954$ $H_{吉尔吉斯斯坦}$ $= 0.885\,246$

---

〔1〕 由于中国是能源净进口国，塔吉克斯坦也为能源进口国，本章强调能源净进口国与能
源净出口国之间才存在能源合作的可能性（存在能源合作意愿）。因此，从理论上讲中国与塔吉克
斯坦之间不存在能源合作的可能性（能源合作意愿为0），但由于塔吉克斯坦拥有丰富的煤炭资
源，也能满足我国少量的能源进口需要，因此，在现实中中国与塔吉克斯坦也存在少量的能源合
作项目。

续表

	中国	俄罗斯	哈萨克斯坦	乌兹别克斯坦	塔吉克斯坦	吉尔吉斯斯坦
哈萨克斯坦	$H_{哈萨克斯坦}=0.986368$ $H_{中国}=0.181766$	$H_{哈萨克斯坦}=0$ $H_{中国}=0$		$H_{哈萨克斯坦}=0$ $H_{乌兹别克斯坦}=0$	$H_{哈萨克斯坦}=0.504878$ $H_{塔吉克斯坦}=0.102097$	$H_{哈萨克斯坦}=0.512588$ $H_{吉尔吉斯斯坦}=0.103495$
乌兹别克斯坦	$H_{乌兹别克斯坦}=0.975853$ $H_{中国}=0.101517$	$H_{乌兹别克斯坦}=0$ $H_{中国}=0$	$H_{乌兹别克斯坦}=0$ $H_{哈萨克斯坦}=0$		$H_{乌兹别克斯坦}=0.122933$ $H_{塔吉克斯坦}=0.015569$	$H_{乌兹别克斯坦}=0.136591$ $H_{吉尔吉斯斯坦}=0.015571$
塔吉克斯坦	$H_{塔吉克斯坦}=0$ $H_{中国}=0$	$H_{塔吉克斯坦}=0.885067$ $H_{俄罗斯}=0.898371$	$H_{塔吉克斯坦}=0.102097$ $H_{哈萨克斯坦}=0.504878$	$H_{塔吉克斯坦}=0.015569$ $H_{乌兹别克斯坦}=0.122933$		$H_{塔吉克斯坦}=0$ $H_{吉尔吉斯斯坦}=0$
吉尔吉斯斯坦	$H_{吉尔吉斯斯坦}=0$ $H_{中国}=0$	$H_{吉尔吉斯斯坦}=0.885246$ $H_{俄罗斯}=0.899954$	$H_{吉尔吉斯斯坦}=0.103495$ $H_{哈萨克斯坦}=0.512588$	$H_{吉尔吉斯斯坦}=0.015571$ $H_{乌兹别克斯坦}=0.136591$	$H_{吉尔吉斯斯坦}=0$ $H_{塔吉克斯坦}=0$	

注：2016 年为初始年份。只有当一个为能源净进口国，另一个为能源净出口国，这两国才存在能源合作的可能性，才能计算各自的能源合作意愿的大小。

3. 上海合作组织成员国之间能源合作意愿差异化的体现

以表 6 中第二行、第四列的 "$H_{中国}=0.181766$，$H_{哈萨克斯坦}=0.986368$" 为例来说明上海合作组织成员国之间能源合作意愿差异化。"$H_{中国}=0.181766$" 说明中国愿意与哈萨克斯坦进行能源合作的初始合作意愿很微弱，"$H_{哈萨克斯坦}=0.986368$" 说明哈萨克斯坦愿意与中国进行能源合作的初始合作意愿很强烈。因此，"$H_{中国}=0.181766$，$H_{哈萨克斯坦}=0.986368$" 的含义为：中国愿意与哈萨克斯坦进行能源合作的初始合作意愿并不强烈，而哈萨克斯坦愿意与中国进行能源合作的初始合作意愿很强烈[1]。这充分体

——————————

〔1〕 这句话可以理解为：在初始年份（2016 年）哈萨克斯坦非常愿意与中国进行能源合作，而中国并不非常愿意与哈萨克斯坦进行能源合作，这充分显示出中国-哈萨克斯坦两国之间的初始合作意愿大小的差异性（非对称性）。

现出中国–哈萨克斯坦能源合作的初始合作意愿大小的差异性。

由表6中的数据可知，中国–俄罗斯、中国–哈萨克斯坦、中国–乌兹别克斯坦、俄罗斯–塔吉克斯坦、俄罗斯–吉尔吉斯斯坦、哈萨克斯坦–塔吉克斯坦、哈萨克斯坦–吉尔吉斯斯坦、乌兹别克斯坦–塔吉克斯坦、乌兹别克斯坦–吉尔吉斯斯坦之间的能源合作意愿大小均存在差异性。

作者以2016年为初始时刻计算了上海合作组织成员国之间的能源合作初始意愿大小。那么，初始时刻之后（2016年以后）上海合作组织成员国之间的能源合作意愿大小如何变化？作者通过构建上海合作组织成员国之间能源合作演化博弈模型及进行演化路径分析，来充分论证上海合作组织成员国之间的能源合作意愿大小的动态变化过程。

第三节　上海合作组织成员国之间能源合作演化博弈模型的构建

（一）上海合作组织成员国之间能源合作博弈模型的构建

表7为上海合作组织成员国之间能源合作演化博弈模型的支付矩阵。表7中国家 j 指上海合作组织成员国中的某个能源净进口国，即能源缺口为负值（能源生产量小于能源消费量）的某个国家。由于中国、吉尔吉斯斯坦、塔吉克斯坦为能源缺口为负值的国家，因此，国家 j 指中国、吉尔吉斯斯坦、塔吉克斯坦这三国中的某一个国家。表7中国家 i 指上海合作组织成员国中的某个能源净出口国，即能源缺口为正值（能源生产量大于能源消费量）的某个国家。由于俄罗斯、哈萨克斯坦、乌兹别克斯坦为能源缺口为正值的国家，因此，国家 i 指俄罗斯、哈萨克斯坦、乌兹别克斯坦这三国中的某一个国家。

表7　上海合作组织成员国之间的能源合作演化博弈支付矩阵

		国家 j	
		合作	不合作
国家 i	合作	$Ri+Ei-Ci,\ Rj+Ej-Cj$	$Ri-Ci,\ Rj$
	不合作	$Ri,\ Rj-Cj$	$Ri,\ Rj$

注：本章演化博弈模型是基于《中国与中亚国家能源合作问题——基于演化博弈模型的分析》一文中演化博弈模型的修正和扩展。本章演化博弈模型的部分内容来源于《中国与中亚国家能源合作问题——基于演化博弈模型的分析》一文中的演化博弈模型，但本章演化博弈模型强调上海合作组织成员国之间的能源合作，而《中国与中亚国家能源合作问题——基于演化博弈模型的分析》一文强调中国与中亚国家之间的能源合作。

能源合作博弈参与者都有两个策略，一个策略是选择合作，也就是选择进行能源合作策略，另一个策略是选择不合作，也就是选择不进行能源合作策略，而且两个策略都是处于同一时刻 t。

R_i 表示国家 i 在时刻 t 选择不进行能源合作策略时所对应的正常收益；R_j 分别表示国家 j 在时刻 t 选择不进行能源合作策略时对应的正常收益。

E_i 表示国家 i 在时刻 t 选择能源合作策略时所对应的额外收益，并且只有当国家 i 和国家 j 在时刻 t 都选择能源合作策略时，额外收益才能取得。C_i 表示国家 i 在时刻 t 为选择能源合作策略所付出的成本。

E_j 表示国家 j 在时刻 t 选择能源合作策略时所对应的额外收益，并且只有当国家 i 和国家 j 在时刻 t 都选择能源合作策略时，额外收益才能取得。C_j 表示国家 j 在时刻 t 为选择能源合作策略时所付出的成本。

对国家 i 而言，在 t 时刻选择能源合作策略的概率[1]为 p，即在 t 时刻国家 i 愿意与国家 j 进行能源合作的意愿大小为 p，满足 $0 \leqslant p \leqslant 1$；则在 t 时刻国家 i 选择不合作的概率为 1−p，即在 t 时刻国家 i 不愿意与国家 j 进行能源合作的意愿大小为 1−p；对国家 j 而言，在 t 时刻选择能源合作的概率为 q，即在 t 时刻国家 j 愿意与国家 i 进行能源合作的意愿大小为 q，满足 $0 \leqslant q \leqslant 1$，则选择不进行能源合作的概率为 1−q，即在 t 时刻国家 j 不愿意与国家 i 进行能源合作的意愿大小为 1−q。

对于国家 i 而言，在时刻 t 选择能源合作的收益为

$$U_1 = q(R_i + E_i - C_i) + (1 - q)(R_i - C_i) \tag{3}$$

对于国家 i 而言，在时刻 t 选择不进行能源合作策略的收益为

---

[1] 概率是对一个事件发生的可能性大小的度量，一般以 0 到 1 之间的实数表示该事件发生的可能性大小。本章中合作意愿的大小均为 0 到 1 之间的一个实数。本章约定：国家 i 选择与国家 j 进行能源合作策略的概率大小，也就是国家 i 愿意与国家 j 进行能源合作的意愿大小。

$$U_2 = qR_i + (1 - q)R_i \tag{4}$$

则国家 i 在时刻 t 的平均收益为

$$\overline{U_i} = pU_1 + (1 - p)U_2 \tag{5}$$

对于国家 j 而言，在时刻 t 选择能源合作策略的收益为

$$U_3 = p(R_j + E_j - C_j) + (1 - p)(R_j - C_j) \tag{6}$$

对于国家 j 而言，在时刻 t 选择不进行能源合作策略的收益为

$$U_4 = pR_j + (1 - p)R_j \tag{7}$$

则国家 j 在时刻 t 的平均收益为

$$\overline{U_j} = q U_3 + (1 - q) U_4 \tag{8}$$

（二）演化博弈模型所对应的动态方程

根据复制动态理论的思想可知，如果某一策略的收益高于平均收益，那么这一策略就会得到强化。

$$\frac{dp}{dt} = p[U_1 - \overline{U_i}] \tag{9}$$

$$\frac{dp}{dt} = p[U_3 - \overline{U_j}] \tag{10}$$

（9）及（10）化简得：

$$\frac{dp}{dt} = p(1 - p)(qE_i - C_i) \tag{11}$$

$$\frac{dp}{dt} = q(1 - q)(pE_j - C_j) \tag{12}$$

（三）演化博弈模型的相图分析

1. 演化博弈模型所对应的均衡点

令 $\frac{dp}{dt} = 0$，$\frac{dq}{dt} = 0$，可得演化系统的局部均衡点。分别为：

$O(0, 0)$，$A(1, 0)$，$B(0, 1)$，$C(1, 1)$，$D(C_j/E_j, C_i/E_i)$

2. 演化博弈模型所对应的参数值的确定

当国家 i 在 t 时刻选择与国家 j 进行能源合作的概率为 50% 时，即 p = 0.5 时，国家 i 处于可以选择与国家 j 合作也可以选择不与国家 j 合作的无差异状态；国家 j 在 t 时刻选择与国家 i 进行能源合作的概率为 50% 时，即

q=0.5时，国家 j 处于可以选择与国家 i 合作也可以选择不与国家 i 合作的无差异状态。当 p=0.5 且 q=0.5 时，国家 i 和国家 j 均处于可以选择与对方合作也可以选择不与对方合作的无差异状态。

由局部均衡点 D 点坐标的表达式可知，要使得 p=0.5 且 q=0.5 所对应的位置为一个均衡点位置，当且仅当

$$C_j = \frac{E_j}{2}, \quad C_i = \frac{E_i}{2} \tag{13}$$

满足

$$D(C_j/E_j, \ C_i/E_i) = D(0.5, \ 0.5) \tag{14}$$

图 3 为本章演化博弈模型所对应的相图。图 3 中，水平轴表示 P 值的大小，满足 $0 \leqslant P \leqslant 1$；垂直轴表示 q 值的大小，满足 $0 \leqslant q \leqslant 1$。图 3 中，$O$(0, 0)、$A$(1, 0)、$B$(0, 1)、$C$(1, 1)、$D$(0.5, 0.5)为演化博弈模型的四个局部均衡点，其中 D(0.5, 0.5)位于相图的正中心位置。

3. 演化博弈模型所对应的相图分析

图 3 显示出，初始位置位于相图中 AB 线以下（不包含 AB 线）的点将向 O(0, 0)收敛，说明 p 和 q 的值会不断减少，这表明能源合作双方的合作意愿会不断减弱；初始位置位于相图中 AB 线以（不包含 AB 线）上的点将向 C(1, 1)收敛，说明 p 和 q 的值会不断增加，这表明能源合作双方的合作意愿会不断增强。位于 AB 线所对应的点会向 D(0.5, 0.5)收敛，说明 p 和 q 的值最终都等于0.5，这表明能源合作双方的合作意愿最终处于可以合作也可以不合作的无差异状态。当初始位置位于 D(0.5, 0.5)时，能源合作双方的合作意愿会始终处于 D(0.5, 0.5)，也就是能源合作双方的合作意愿始终处于可以合作也可以不合作的无差异状态（稳定状态）[1]。表4中上海合作组织成员国之间能源合作初始意愿大小与图3中的初始位置相对应。根据上述分析可知，不同的初始位置会导致不同的演化路径。

---

[1] Cj=Ej/2 和 Ci=Ei/2 确保了图3中正中心位置（p=0.5 和 q=0.5 所对应的位置）为稳定点位置（均衡点）。当 Cj≠Ej/2 和 Ci≠Ei/2 时，图3中正中心位置（p=0.5 和 q=0.5 所对应的位置）为非稳定点位置。

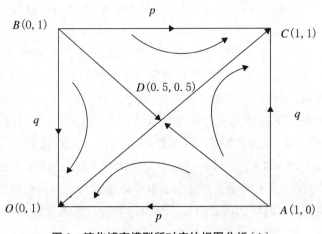

图 3　演化博弈模型所对应的相图分析[1]

第四节　上海合作组织成员国之间能源合作意愿的演化路径分析

结合表 4 和图 3，运用 MATLAB 软件可以绘制出不同 p、q 值所对应的演化路径图 。不同的 p、q 值对应于图 3 中不同初始位置。演化路径可以充分体现出初始时刻之后上海合作组织成员国之间能源合作意愿大小的动态变化过程。

（一）中国与俄罗斯之间的能源合作意愿演化路径分析

图 4 为中国与俄罗斯之间的能源合作演化路径图，图中横坐标为 p，表示俄罗斯选择与中国进行能源合作的概率，也就是俄罗斯愿意与中国进行能源合作的意愿大小；纵坐标为 q，表示中国选择与俄罗斯进行能源合作的概率，也就是中国愿意与俄罗斯进行能源合作的意愿大小。其中，$0 \leqslant p \leqslant 1$；$0 \leqslant q \leqslant 1$。

p 越大，表示俄罗斯愿意与中国进行能源合作的意愿越大；p 越小，表示俄罗斯愿意与中国进行能源合作的意愿越小。q 越大，表示中国愿意

---

〔1〕　图 3 所对应的相图分析与《中国与中亚国家能源合作问题——基于演化博弈模型的分析》一文中的演化博弈模型所对应的相图分析一致。《中国与中亚国家能源合作问题——基于演化博弈模型的分析》一文发表于《北京理工大学学报（社会科学版）》，发表时间为 2015 年第 6 期，作者李鹏。

与俄罗斯进行能源合作的意愿越大；q 越小，表示中国愿意与俄罗斯进行能源合作的意愿越小。

由表 6 可知，中国愿意与俄罗斯进行能源合作的初始意愿大小为 0.895 264，俄罗斯愿意与中国进行能源合作的初始意愿大小为 0.997 202。即在初始时刻，p = 0.997 202 = 99.720 2%，q = 0.895 246 = 89.524 6%，初始意愿的大小所对应初始位置位于图 4 中的 E 点。图 4 中的演化路径为：从 E（0.997 202，0.895 246）点不断向 C（1，1）点收敛，其中 C（1，1）满足：p = 1 = 100%，q = 1 = 100%。这说明在中国与俄罗斯的能源合作过程中，p 和 q 的值在不断增加，这表明俄罗斯愿意与中国进行能源合作的意愿在不断增强，同时中国愿意与俄罗斯进行能源合作的意愿也在不断增强。

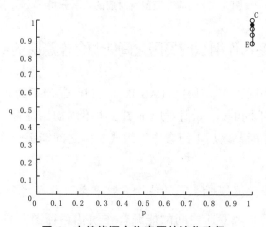

图4　中俄能源合作意愿的演化路径

（二）中国与哈萨克斯坦之间的能源合作意愿演化路径分析

图 5 为中国与哈萨克斯坦之间的能源合作演化路径图，图中横坐标为 p，表示哈萨克斯坦选择与中国进行能源合作的概率，也就是哈萨克斯坦愿意与中国进行能源合作的意愿大小；纵坐标为 q，表示中国选择与哈萨克斯坦进行能源合作的概率，也就是中国愿意与哈萨克斯坦进行能源合作的意愿大小。其中，$0 \leqslant p \leqslant 1$；$0 \leqslant q \leqslant 1$。

p 越大，表示哈萨克斯坦愿意与中国进行能源合作的意愿越大；p 越小，表示哈萨克斯坦愿意与中国进行能源合作的意愿越小。q 越大，表示

中国愿意与哈萨克斯坦进行能源合作的意愿越大；q越小，表示中国愿意
与哈萨克斯坦进行能源合作的意愿越小。

由表6可知，中国愿意与哈萨克斯坦进行能源合作的初始意愿大小
为0.181 766，哈萨克斯坦愿意与中国进行能源合作的初始意愿大小为
0.986 368。即在初始时刻，p = 0.986 368 = 98.636 8%，q = 0.181 766 =
18.176 6%，初始意愿的大小所对应初始位置位于图5中的F点。图5中
的演化路径为：从F（0.986 368，0.181 766）点不断向C（1，1）点收
敛，其中C（1，1）满足：p = 1 = 100%，q = 1 = 100%。这说明在中国与哈
萨克斯坦的能源合作过程中，p和q的值在不断增加，这表明哈萨克斯坦
愿意与中国进行能源合作的意愿在不断增强，同时中国愿意与哈萨克斯坦
进行能源合作的意愿也在不断增强。

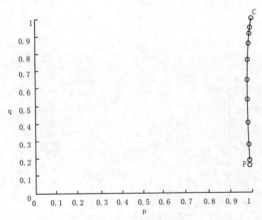

图5　中国与哈萨克斯坦能源合作意愿的演化路径

（三）中国与乌兹别克斯坦之间的能源合作意愿演化路径分析

图6为中国与乌兹别克斯坦之间的能源合作演化路径图，图中横坐标
为p，表示乌兹别克斯坦选择与中国进行能源合作的概率，也就是乌兹别
克斯坦愿意与中国进行能源合作的意愿大小；纵坐标为q，表示中国选择
与乌兹别克斯坦进行能源合作的概率，也就是中国愿意与乌兹别克斯坦进
行能源合作的意愿大小。其中，0≤p≤1；0≤q≤1。

p越大，表示乌兹别克斯坦愿意与中国进行能源合作的意愿越大；p

越小，表示乌兹别克斯坦愿意与中国进行能源合作的意愿越小。q越大，表示中国愿意与乌兹别克斯坦进行能源合作的意愿越大；q越小，表示中国愿意与乌兹别克斯坦进行能源合作的意愿越小。

由表6可知，中国愿意与乌兹别克斯坦进行能源合作的初始意愿大小为0.101 517，乌兹别克斯坦愿意与中国进行能源合作的初始意愿大小为0.975 853。即在初始时刻，p = 0.975 853 = 97.585 3%，q = 0.101 517 = 10.151 7%，初始意愿的大小所对应初始位置位于图6中的H点。图6中的演化路径为：从H（0.975 853，0.101 517）点不断向C（1，1）点收敛，其中C（1，1）满足：p = 1 = 100%，q = 1 = 100%。这说明在中国与乌兹别克斯坦的能源合作过程中，p和q的值在不断增加，这表明乌兹别克斯坦愿意与中国进行能源合作的意愿在不断增强，同时中国愿意与乌兹别克斯坦进行能源合作的意愿也在不断增强。

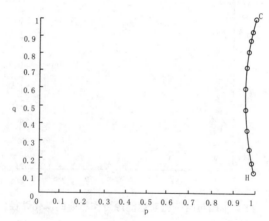

图6　中国与乌兹别克斯坦能源合作意愿的演化路径

（四）俄罗斯与塔吉克斯坦之间的能源合作意愿演化路径分析

图7为俄罗斯与塔吉克斯坦之间的能源合作演化路径图，图中横坐标为p，表示俄罗斯选择与塔吉克斯坦进行能源合作的概率，也就是俄罗斯愿意与塔吉克斯坦进行能源合作的意愿大小；纵坐标为q，表示塔吉克斯坦选择与俄罗斯进行能源合作的概率，也就是塔吉克斯坦愿意与俄罗斯进行能源合作的意愿大小。其中，0≤p≤1；0≤q≤1。

　　p 越大，表示俄罗斯愿意与塔吉克斯坦进行能源合作的意愿越大；p
越小，表示俄罗斯愿意与塔吉克斯坦进行能源合作的意愿越小。q 越大，
表示塔吉克斯坦愿意与俄罗斯进行能源合作的意愿越大；q 越小，表示塔
吉克斯坦愿意与俄罗斯进行能源合作的意愿越小。

　　由表 6 可知，俄罗斯愿意与塔吉克斯坦进行能源合作的初始意愿大小
为 0. 898 371，塔吉克斯坦愿意与俄罗斯进行能源合作的初始意愿大小为
0. 885 067。即在初始时刻，p = 0. 898 371 = 89. 837 1%，q = 0. 885 067 =
88. 506 7%，初始意愿的大小所对应初始位置位于图 7 中的 I 点。图 7 中的
演化路径为：从 I（0. 898 371，0. 885 067）点不断向 C（1，1）点收敛，
其中 C（1，1）满足：p = 1 = 100%，q = 1 = 100%。这说明在俄罗斯与塔吉
克斯坦的能源合作过程中，p 和 q 的值在不断增加，这表明俄罗斯愿意与
塔吉克斯坦进行能源合作的意愿在不断增强，同时塔吉克斯坦愿意与俄罗
斯进行能源合作的意愿也在不断增强。

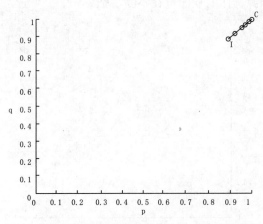

图 7　俄罗斯与塔吉克斯坦能源合作意愿演化路径

（五）俄罗斯与吉尔吉斯斯坦之间的能源合作意愿演化路径分析

　　图 8 为俄罗斯与吉尔吉斯斯坦之间的能源合作演化路径图，图中横坐
标为 p，表示俄罗斯选择与吉尔吉斯斯坦进行能源合作的概率，也就是俄
罗斯愿意与吉尔吉斯斯坦进行能源合作的意愿大小；纵坐标为 q，表示吉
尔吉斯斯坦选择与俄罗斯进行能源合作的概率，也就是吉尔吉斯斯坦愿意

与俄罗斯进行能源合作的意愿大小。其中，$0 \leqslant p \leqslant 1$；$0 \leqslant q \leqslant 1$。

p越大，表示俄罗斯愿意与吉尔吉斯斯坦进行能源合作的意愿越大；p越小，表示俄罗斯愿意与吉尔吉斯斯坦进行能源合作的意愿越小。q越大，表示吉尔吉斯斯坦愿意与俄罗斯进行能源合作的意愿越大；q越小，表示吉尔吉斯斯坦愿意与俄罗斯进行能源合作的意愿越小。

由表6可知，俄罗斯愿意与吉尔吉斯斯坦进行能源合作的初始意愿大小为0.899 954，吉尔吉斯斯坦愿意与俄罗斯进行能源合作的初始意愿大小为0.885 246。即在初始时刻，p = 0.899 954 = 89.995 4%，q = 0.885 246 = 88.524 6%，初始意愿的大小所对应初始位置位于图8中的J点。图8中的演化路径为：从J（0.899 954，0.885 246）点不断向C（1，1）点收敛，其中C（1，1）满足：p = 1 = 100%，q = 1 = 100%。这说明在俄罗斯与吉尔吉斯斯坦的能源合作过程中，p和q的值在不断增加，这表明俄罗斯愿意与吉尔吉斯斯坦进行能源合作的意愿在不断增强，同时吉尔吉斯斯坦愿意与俄罗斯进行能源合作的意愿也在不断增强。

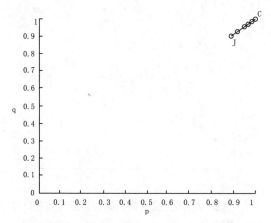

图8　俄罗斯与吉尔吉斯斯坦能源合作意愿演化路径

（六）哈萨克斯坦与塔吉克斯坦之间的能源合作意愿演化路径分析

图9为哈萨克斯坦与塔吉克斯坦之间的能源合作演化路径图，图中横坐标为p，表示哈萨克斯坦选择与塔吉克斯坦进行能源合作的概率，也就是哈萨克斯坦愿意与塔吉克斯坦进行能源合作的意愿大小；纵坐标为q，

表示塔吉克斯坦选择与哈萨克斯坦进行能源合作的概率，也就是塔吉克斯坦愿意与哈萨克斯坦进行能源合作的意愿大小。其中，$0 \leqslant p \leqslant 1$；$0 \leqslant q \leqslant 1$。

p越大，表示哈萨克斯坦愿意与塔吉克斯坦进行能源合作的意愿越大；p越小，表示哈萨克斯坦愿意与塔吉克斯坦进行能源合作的意愿越小。q越大，表示塔吉克斯坦愿意与哈萨克斯坦进行能源合作的意愿越大；q越小，表示塔吉克斯坦愿意与哈萨克斯坦进行能源合作的意愿越小。

由表6可知，哈萨克斯坦愿意与塔吉克斯坦进行能源合作的初始意愿大小为0.504 879，塔吉克斯坦愿意与哈萨克斯坦进行能源合作的初始意愿大小为0.102 097。即在初始时刻，$p=0.505\,487\,9=50.487\,9\%$，$q=0.102\,097=10.209\,7\%$，初始意愿的大小所对应初始位置位于图9中的K点。图9中的演化路径为：从K（0.505 487 9，0.102 097）点不断向O（0，0）点收敛，其中O（0，0）满足：$p=0=0\%$，$q=0=0\%$。这说明在哈萨克斯坦与塔吉克斯坦的能源合作过程中，p和q的值在不断减小，这表明哈萨克斯坦愿意与塔吉克斯坦进行能源合作的意愿在不断减弱，同时塔吉克斯坦愿意与哈萨克斯坦进行能源合作的意愿也在不断减弱。

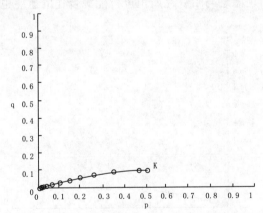

图9　哈萨克斯坦与塔吉克斯坦能源合作意愿演化路径

（七）哈萨克斯坦与吉尔吉斯斯坦之间的能源合作意愿演化路径分析

图10为哈萨克斯坦与吉尔吉斯斯坦之间的能源合作演化路径图，图中横坐标为p，表示哈萨克斯坦选择与吉尔吉斯斯坦进行能源合作的概率，也就是哈萨克斯坦愿意与吉尔吉斯斯坦进行能源合作的意愿大小；纵坐标

为 q，表示吉尔吉斯斯坦选择与哈萨克斯坦进行能源合作的概率，也就是吉尔吉斯斯坦愿意与哈萨克斯坦进行能源合作的意愿大小。其中，$0 \leq p \leq 1$；$0 \leq q \leq 1$。

p 越大，表示哈萨克斯坦愿意与吉尔吉斯斯坦进行能源合作的意愿越大；p 越小，表示哈萨克斯坦愿意与吉尔吉斯斯坦进行能源合作的意愿越小。q 越大表示吉尔吉斯斯坦愿意与哈萨克斯坦进行能源合作的意愿越大；q 越小，表示吉尔吉斯斯坦愿意与哈萨克斯坦进行能源合作的意愿越小。

由表 6 可知，哈萨克斯坦愿意与吉尔吉斯斯坦进行能源合作的初始意愿大小为 0.512 588，吉尔吉斯斯坦愿意与哈萨克斯坦进行能源合作的初始意愿大小为 0.103 495。即在初始时刻，p = 0.512 588 = 51.258 8%，q = 0.103 495 = 10.349 5%，初始意愿的大小所对应初始位置位于图 10 中的 L 点。图 10 中的演化路径为：从 L（0.512 588，0.103 495）点不断向 O（0，0）点收敛，其中 O（0，0）满足：p = 0 = 0%，q = 0 = 0%。这说明在哈萨克斯坦与吉尔吉斯斯坦的能源合作过程中，p 和 q 的值在不断减小，这表明哈萨克斯坦愿意与吉尔吉斯斯坦进行能源合作的意愿在不断减弱；同时吉尔吉斯斯坦愿意与哈萨克斯坦进行能源合作的意愿也在不断减弱。

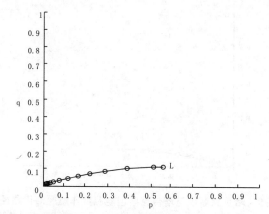

图 10　哈萨克斯坦与吉尔吉斯斯坦能源合作意愿演化路径

（八）乌兹别克斯坦与塔吉克斯坦能源合作意愿演化路径分析

图 11 为乌兹别克斯坦与塔吉克斯坦之间的能源合作演化路径图，横坐标为 p，表示乌兹别克斯坦选择与塔吉克斯坦进行能源合作的概率，也就

是乌兹别克斯坦愿意与塔吉克斯坦进行能源合作的意愿大小；纵坐标为 q，
表示塔吉克斯坦选择与乌兹别克斯坦进行能源合作的概率，也就是塔吉克
斯坦愿意与乌兹别克斯坦进行能源合作的意愿大小。其中，$0 \leqslant p \leqslant 1$；$0 \leqslant q \leqslant 1$。

p 越大，表示乌兹别克斯坦愿意与塔吉克斯坦进行能源合作的意愿越
大；p 越小，表示乌兹别克斯坦愿意与塔吉克斯坦进行能源合作的意愿越小。
q 越大，表示塔吉克斯坦愿意与乌兹别克斯坦进行能源合作的意愿越大；q
越小，表示塔吉克斯坦愿意与乌兹别克斯坦进行能源合作的意愿越小。

由表 6 可知，乌兹别克斯坦愿意与塔吉克斯坦进行能源合作的初始意
愿大小为 0.122 933，塔吉克斯坦愿意与乌兹别克斯坦进行能源合作的初始
意愿大小为 0.015 569。即在初始时刻，$p = 0.122\ 933 = 12.293\ 3\%$，$q = 0.015\ 569 = 1.556\ 9\%$，初始意愿的大小所对应初始位置位于图 11 中的 P
点。图 11 中的演化路径为：从 P（0.122 933，0.015 569）点不断向 O
（0，0）点收敛，其中 O（0，0）满足：$p = 0 = 0\%$，$q = 0 = 0\%$。这说明在
乌兹别克斯坦与塔吉克斯坦的能源合作过程中，p 和 q 的值在不断减小，
这表明乌兹别克斯坦愿意与塔吉克斯坦进行能源合作的意愿在不断减弱，
同时塔吉克斯坦愿意与乌兹别克斯坦进行能源合作的意愿也在不断减弱。

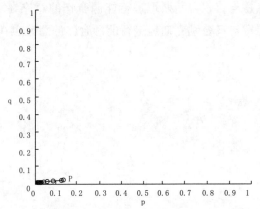

图 11　乌兹别克斯坦与塔吉克斯坦能源合作意愿演化路径

（九）乌兹别克斯坦与吉尔吉斯斯坦能源合作意愿演化路径分析

图 12 为乌兹别克斯坦与吉尔吉斯斯坦之间的能源合作演化路径图，图

中横坐标为 p，表示乌兹别克斯坦选择与吉尔吉斯斯坦进行能源合作的概率，也就是乌兹别克斯坦愿意与吉尔吉斯斯坦进行能源合作的意愿大小；纵坐标为 q，表示吉尔吉斯斯坦选择与乌兹别克斯坦进行能源合作的概率，也就是吉尔吉斯斯坦愿意与乌兹别克斯坦进行能源合作的意愿大小。其中，$0 \leqslant p \leqslant 1$；$0 \leqslant q \leqslant 1$。

p 越大，表示乌兹别克斯坦愿意与吉尔吉斯斯坦进行能源合作的意愿越大；p 越小，表示乌兹别克斯坦愿意与吉尔吉斯斯坦进行能源合作的意愿越小。q 越大，表示吉尔吉斯斯坦愿意与乌兹别克斯坦进行能源合作的意愿越大；q 越小，表示吉尔吉斯斯坦愿意与乌兹别克斯坦进行能源合作的意愿越小。

由表 6 可知，乌兹别克斯坦愿意与吉尔吉斯斯坦进行能源合作的初始意愿大小为 0.136 591，吉尔吉斯斯坦愿意与乌兹别克斯坦进行能源合作的初始意愿大小为 0.015 571。即在初始时刻，$p = 0.136\ 591 = 13.659\ 1\%$，$q = 0.015\ 571 = 1.557\ 1\%$，初始意愿的大小所对应初始位置位于图 12 中的 O 点。图 12 中的演化路径为：从 Q（0.136 591，0.015 571）点不断向 O（0，0）点收敛，其中 O（0，0）满足：$p = 0 = 0\%$，$q = 0 = 0\%$。这说明在乌兹别克斯坦与吉尔吉斯斯坦的能源合作过程中，p 和 q 的值在不断减小，这表明乌兹别克斯坦愿意与吉尔吉斯斯坦进行能源合作的意愿在不断减弱，同时吉尔吉斯斯坦愿意与乌兹别克斯坦进行能源合作的意愿也在不断减弱。

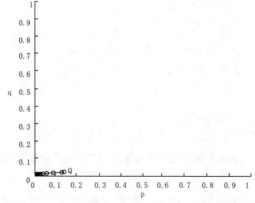

图 12　乌兹别克斯坦与吉尔吉斯斯坦能源合作意愿演化路径

第五节　中俄能源合作中的价格博弈与争端解决机制

一、文献回顾

　　强晓云（2014）提出构建上海合作组织能源俱乐部的构想以加强成员国之间的能源合作，中俄两国有推动上海合作组织能源俱乐部向前发展的实力，又有在上海合作组织能源俱乐部中发挥领导力的意愿。陈小沁（2011）研究指出，中国和俄罗斯为两个大国，上海合作组织成员国的能源合作必须平衡中俄两国利益。李葆珍（2010）研究表明，俄罗斯的态度对上海合作组织成员国之间的能源合作显得至关重要。庞昌伟、张萌（2011）对中俄天然气定价机制博弈进行了研究。研究表明：中俄天然气报价之差为100美元/千立方米，中俄天然气定价不能达成一致。在上合组织框架内构建能源定价机制，有利于中俄在能源领域展开有效的合作。张恒龙、秦鹏亮（2015）对中俄能源合作博弈问题进行了研究。研究表明，"页岩气革命"会对俄罗斯的能源大国地位构成直接挑战，但有利于中俄能源合作。李鹏（2015）通过构建演化博弈模型分析了中国与中亚国家的能源合作问题，研究表明：降低合作成本、提高合作收益会提高能源合作成功的可能性。李鹏（2018）研究发现，中国是上海合作组织内最大的能源进口国，俄罗斯是上海合作组织内最大的能源出口国，中俄能源合作初始意愿强烈，而且中俄能源合作意愿还会不断增强。

　　本章的研究方法不同于上述文献。本章主要构建多阶段讨价还价博弈模型来研究中俄能源合作中的价格博弈问题。同时，中俄能源合作过程中每一个项目的签订，均经历过多次的讨价还价过程。因此，本章采用的研究方法符合实际，使得本章的研究结论具有重要的现实意义。

二、中俄能源合作讨价还价博弈模型的构建

　　中国为能源进口国，俄罗斯为能源出口国，中国从俄罗斯进口能源。本章主要采用多阶段讨价还价博弈模型来分析中俄能源合作中的价格博弈问题。

（一）模型假设

设定俄罗斯出口能源的最高价格为 A1，俄罗斯出口能源的最低价格为 An，即俄罗斯出口能源的价格区间为：[An ， A1]，其中，An 小于 A1。

设定中国进口能源的最高价格为 B1，中国进口能源的最低价格为 Bn，即中国进口能源的价格区间为 [Bn ， B1]，其中，Bn 小于 B1。

中俄能源合作价格博弈中俄罗斯先出价。

本章中的中俄能源合作讨价还价博弈模型，主要包括三种情况。根据俄罗斯能源出口价与中国能源进口价之间的数量关系，本章分三种情况进行分析。

（二）中俄能源合作讨价还价博弈模型的具体内容

情况1：俄罗斯能源出口的最低价大于中国能源进口的最高价

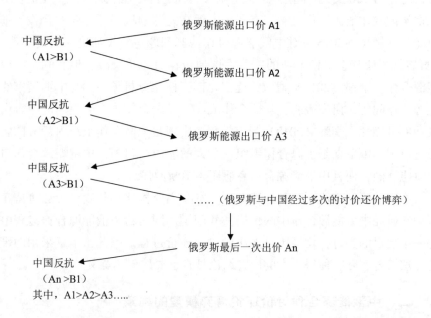

其中，A1>A2>A3......

俄罗斯能源出口的第一次定价为 A1，为俄罗斯出口能源的最高价格。由于 A1 大于中国进口能源的最高价格为 B1，因此，中国会反抗。俄罗斯能源出口的第二次定价为 A2，由于 A2 仍大于中国进口能源的最高价格为 B1，因此，中国还会反抗。俄罗斯能源出口的第三次定价为 A3，由于 A3

仍大于中国进口能源的最高价格为 B1，因此，中国还会反抗。经过多轮讨
价还价后，俄罗斯能源出口的最后一次定价为 An，为俄罗斯出口能源的最
低价格。由于 An 仍大于中国进口能源的最高价格为 B1，因此，中国还会
反抗。最终，中俄能源合作的进出口价格不能达成一致。

　　情况 2：俄罗斯能源出口的最低价等于中国能源进口的最高价

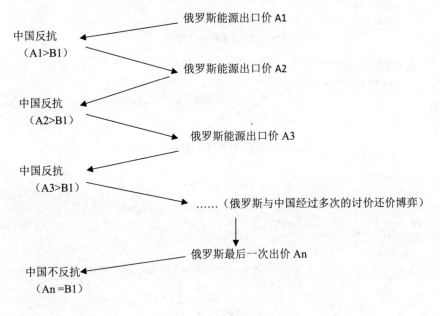

　　其中，A1>A2>A3 . . . . .

　　俄罗斯能源出口的第一次定价为 A1，为俄罗斯出口能源的最高价格。
由于 A1 大于中国进口能源的最高价格为 B1，因此，中国会反抗。俄罗斯
能源出口的第二次定价为 A2，由于 A2 仍大于中国进口能源的最高价格为
B1，因此，中国还会反抗。俄罗斯能源出口的第三次定价为 A3，由于 A3
仍大于中国进口能源的最高价格为 B1，因此，中国还会反抗。经过多轮讨
价还价后，俄罗斯能源出口的最后一次定价为 An，为俄罗斯出口能源的最
低价格。由于 An 等于中国进口能源的最高价格为 B1，因此，中国不会反
抗。最终，中俄能源合作的进出口价格能达成一致，最终的能源进出口价
格为 An，满足 An＝B1。

情况 3：俄罗斯能源出口的最低价小于中国能源进口的最高价

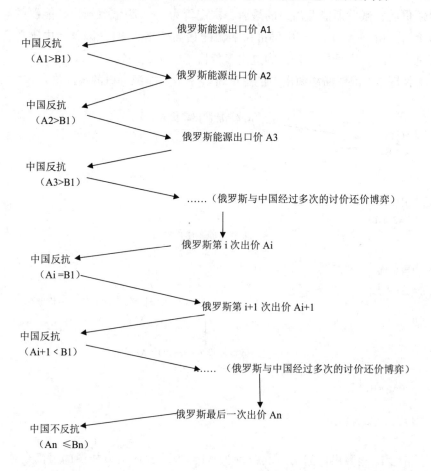

俄罗斯能源出口的第一次定价为 A1，为俄罗斯出口能源的最高价格。由于 A1 大于中国进口能源的最高价格为 B1，因此，中国会反抗。俄罗斯能源出口的第二次定价为 A2，由于 A2 仍大于中国进口能源的最高价格为 B1，因此，中国还会反抗。俄罗斯能源出口的第三次定价为 A3，由于 A3 仍大于中国进口能源的最高价格为 B1，因此，中国还会反抗。经过多轮讨价还价后，俄罗斯能源出口第 i 次定价为 Ai，其中 i < n，且 Ai = B1、Ai > An。此时，由于俄罗斯能源出口价格 Ai 等于中国能源进口的最高价格 B1，中国可选择不反抗，也可选择反抗。如果中国继续反抗，俄罗斯还会继续降价，当俄罗斯能源出口的最后一次定价为 An，等于中国能源进口的最低

价 Bn 时，中国不会反抗。最终，中俄能源合作的进出口价格能达成一致，最终的能源进出口价格为 An，满足 An＝Bn。而且，最终的能源进出口价格为 An，满足 An＝Bn。这是对中国而言最为有利的能源进口价格。

（三）中俄能源合作讨价还价博弈模型的主要结论

综合上述分析可知，俄罗斯能源出口的最低价大于中国能源进口的最高价时，中俄能源合作的进出口价格不能达成一致；俄罗斯能源出口的最低价等于中国能源进口的最高价时，中俄能源合作的进出口价格能达成一致；俄罗斯能源出口的最低价小于中国能源进口的最高价时，中俄能源合作的进出口价格能达成一致。俄罗斯能源出口的最低价等于中国能源进口的最低价时，这是对中国最为有利的能源进口价格。俄罗斯能源出口的最低价等于中国能源进口的最高价时，这是对俄罗斯比较有利的能源出口价格。

三、中俄能源合作中讨价还价的相关案例

（一）相关事实

2012 年 4 月在国务院副总理访问俄罗斯期间，就中俄就天然气价格问题展开了第 15 次谈判。

俄罗斯出口到我国的天然气最低价格为 180 美元/千立方米。一旦低于该价格，俄天然气公司就会亏损。

中国国内天然气批发价格为 170 美元/千立方米，中国以 170 美元/千立方米作为进口俄罗斯天然气的最高价格。

由于我国进口俄罗斯的天然气的最高价小于俄罗斯出口到我国的天然气的最低价，因此，中俄天然气价格最终未能达成共识。

（二）由案例得到的启示

中俄天然气价格最终达成共识的可能性，主要有以下两种情况。

1. 当俄罗斯出口到我国的天然气最低价格为 180 美元/千立方米保持不变时，中国国内天然气批发价格从 170 美元/千立方米上涨到 180 美元/千立方米时，则中国以 180 美元/千立方米作为进口俄罗斯天然气的最高价格。此时，我国进口俄罗斯天然气的最高价等于俄罗斯出口到我国天然气

的最高价，中俄天然气价格最终能达成共识。最终的天然气定价为 180 美元/千立方米。

2. 当中国以 170 美元/千立方米作为进口俄罗斯天然气的最高价格保持不变时，俄罗斯出口到我国的天然气最低价格从 180 美元/千立方米降低到 170 美元/千立方米。此时，我国进口俄罗斯天然气的最高价等于俄罗斯出口到我国天然气的最低价，中俄天然气价格最终能达成共识。最终的天然气定价为 170 美元/千立方米。

（三）国际能源价格波动对中俄能源合作价格的影响

国际能源价格下降，会迫使俄罗斯降低能源出口的最低价格，从而有助于中俄能源合作的进出口价格能达成一致。

国际能源价格上涨，会迫使俄罗斯提高能源出口的最低价格，从而不利于中俄能源合作进出口价格能达成一致。

近年来，随着国际能源价格的大幅下降，中俄能源合作驶入快车道，重大能源合作项目明显增多。

四、中俄能源合作争端解决机制

（一）中俄能源合作项目

1996 年中俄两国签署《中俄关于共同开展能源领域合作的协定》。合作领域包括：核能、电力、油气。1999 年中俄合作建设的田湾核电站开工。2000 年，中俄达成协议，修建"安大线"，修建伊尔库萨克州到大庆的石油管道。2009 年，中俄签署《中俄石油领域合作政府间协议》，该协议创造性采用"石油换贷款"的能源合作模式。2012 年中俄两国签署《中华人民共和国国家能源局和俄罗斯联邦能源部关于开展能源市场态势评估合作的谅解备忘录》《中俄煤炭领域合作路线图》《中俄煤炭合作工作组第一次会议纪要》《中国国家电网与俄罗斯东方能源公司关于 2013 年供电量和电价的协议》有关能源合作的四项合作文件。2014 年中俄两国在上海签署《中俄东线天然气合作项目备忘录》。2014 年中俄两国签署的《中俄东线供气购销合同》，协议总价约 4 000 亿美元。根据约定内容，2018年俄方开始通过中俄天然气管道东线向中国供气 30 年，最终达到 380 亿立方米/年。

2014 年 11 月，中俄两国签署《中俄西线天然气管道框架协议》，俄将
通过管道向中国提供达 300 亿立方米/年的天然气，期限同样为 30 年。

上述每一个中俄能源合作项目的签订，往往经历了漫长的谈判过程，
其中，价格分歧是中俄能源合作争端的焦点问题。

（二）中俄能源合作争端解决机制的构建

中俄两国在能源合作的过程中，不可避免地会产生争端。然而，中俄
两国还没有建立起科学有效的关于能源合作的争端解决机制。虽然中国和
俄罗斯都是 WTO 成员，但运用 WTO 的争端解决机制来处理中俄能源合作
过程争端显然不合适。主要体现在：运用 WTO 的争端解决机制来处理中
俄能源合作过程的争端，不仅成本高昂而且容易破坏中俄两国的政治互信
和良好的经贸关系。作者提出构建上海合作组织框架内的能源合作争端解
决机制，将上海合作组织框架内的能源合作争端解决机制的机构设在北
京，并设置上海合作组织框架内的能源合作价格争端解决委员会。由此带
来的好处主要有四点：第一，争端解决的成本相对较低；第二，解决中俄
能源合作过程中的争端不会破坏中俄两国的战略互信和友好关系；第三，
价格争端解决委员会的建立能够快速解决中俄能源合作争端中的核心问
题；第四，不仅有利于中国与俄罗斯的能源合作，还有利于中国与上合组
织中的哈萨克斯坦等能源出口国的合作。

第六节　本章小结

本章从合作意愿差异化的角度对上海合作组织成员国之间的能源合作
问题进行了实证研究。研究得出以下结论。

（1）上海合作组织成员国之间的能源存在互补性。中国、塔吉克斯
坦、吉尔吉斯斯坦为能源净进口国，中国的能源净进口量会不断增大；俄
罗斯、哈萨克斯坦、乌兹别克斯坦为能源净出口国，俄罗斯的能源净出口
量会不断增加。

（2）中国-俄罗斯、中国-哈萨克斯坦、中国-乌兹别克斯坦、俄罗斯-
塔吉克斯坦、俄罗斯-吉尔吉斯斯坦、哈萨克斯坦-塔吉克斯坦、哈萨克斯

坦-吉尔吉斯斯坦、乌兹别克斯坦-塔吉克斯坦、乌兹别克斯坦-吉尔吉斯斯坦均存在能源合作意愿,而且能源合作意愿大小均存在差异性;中国-俄罗斯两国的初始能源合作意愿均十分强烈,俄罗斯-塔吉克斯坦两国的初始能源合作意愿均十分强烈,俄罗斯-吉尔吉斯斯坦两国的初始能源合作意愿均十分强烈。

(3)合作意愿演化路径表明:中国-俄罗斯、中国-哈萨克斯坦、中国-乌兹别克斯坦、俄罗斯-塔吉克斯坦、俄罗斯-吉尔吉斯斯坦的能源合作意愿均会不断增强;哈萨克斯坦-塔吉克斯坦、哈萨克斯坦-吉尔吉斯斯坦、乌兹别克斯坦-塔吉克斯坦、乌兹别克斯坦-吉尔吉斯斯坦的能源合作意愿均会不断减弱。

(4)主要运用多阶段讨价还价模型来研究中俄能源合作中的价格博弈问题。研究发现:当俄罗斯能源出口的最低价大于中国能源进口的最高价时,中俄能源合作价格不能达成一致;当俄罗斯能源出口的最低价小于或等于中国能源进口的最高价时,中俄能源合作价格能达成一致;当俄罗斯能源出口的最低价等于中国能源进口的最低价时,不仅中俄能源合作价格能达成一致,而且是对中国最为有利的能源合作价格;当俄罗斯能源出口的最低价等于中国能源进口的最高价时,中俄能源合作价格能达成一致,而且是对俄罗斯比较有利的能源合作价格。

根据研究结论,本章认为上海合作组织成员国之间的能源合作应根据成员国之间合作意愿的差异性特征而采取差异化的政策。

一是上海合作组织成员国之间应有选择地进行能源合作。中国应与俄罗斯、哈萨克斯坦、乌兹别克斯坦进行能源合作;塔吉克斯坦应与俄罗斯、哈萨克斯坦、乌兹别克斯坦进行能源合作;吉尔吉斯斯坦应与俄罗斯、哈萨克斯坦、乌兹别克斯坦进行能源合作。

二是上海合作组织成员国之间应有重点地进行能源合作。中国应重点加强与俄罗斯的能源合作,塔吉克斯坦应重点加强与俄罗斯的能源合作;吉尔吉斯斯坦应重点加强与俄罗斯的能源合作。

上海合作组织成员国能源消费与经济增长关系的实证研究

第一节　能源消费与经济增长数量关系的理论模型

能源消费与经济增长之间存在紧密的联系。能源是推动一国经济增长的重要物质基础，能源消费深刻影响到一国生产和生活的各个方面。工业部门是能源消费的主要部门，居民的衣、食、住、行也是能源消费的重要组成部分。能源消费问题是关系到国计民生的重大现实问题，受到各国政府的高度重视。

上海合作组织是 2001 年在上海成立的一个区域性国际组织，目前已经成为世界上最具国际影响力的国际性组织之一。上海合作组织成员国中，中国、印度是全球能源消费大国，俄罗斯是全球能源生产和消费大国，上海合作组织成员国的能源消费在全球能源消费中具有重要影响。对上海合作组织成员国能源消费与经济增长之间数量关系的研究，是本书的重要研究内容。能源消费与经济增长关系的研究一直是学术界研究的热点问题。我国学者进行了大量的实证研究，主要有两种观点。

一种研究观点认为，能源消费与经济增长之间存在线性关系。尹建华、王兆华（2011）对 1953 年~2008 年间中国能源消费与经济增长之间的关系进行了实证研究，研究表明：从长期看，能源消费与经济增长之间存在协整关系，而且存在能源消费到经济增长的单项因果关系。李鹏（2013）采用动态面板数据模型对中国能源消费与经济增长问题进行实证研究，研究发现：我国人均 GDP 每变动 1%，能源消费将同方向变动约

0.37%。林伯强（2003）运用协整模型和误差修正模型研究了我国电力消费与经济增长的关系。研究表明：我国电力消费与经济增长之间存在长期的均衡关系。

另一种研究观点认为，能源消费与经济增长之间存在非线性关系。王安建等（2008）学者认为：在农业社会，人均能源消费处于较低水平；进入工业化阶段，人均能源消费快速增长并达到高峰值；进入后工业化阶段，人均能源消费不再增长或缓慢下降，在整个经济增长阶段，人均能源消费与人均GDP之间表现为S形曲线关系。贾功祥、谢湘生（2011）采用中国1997年~2009年的省际面板数据研究了经济增长与能源消费的相互作用。研究表明：中国经济增长与能源消费之间的相互作用表现出非对称性。赵进文、范继涛（2007）采用非线性STR模型论证了我国能源消费与经济增长之间的内在依存关系，研究表明：我国经济增长与能源消费之间的数量关系存在非线性、非对称性、阶段性特征。段显明、郭家东（2011）采用中国1978年~2008年的省际面板数据研究发现，中国大部分地区能源消费与经济增长之间存在环境库兹涅茨倒U形曲线关系，并且还处于环境库兹涅茨倒U形曲线左侧。

上述文献由于研究样本、研究的时间段、研究模型的不同，导致了上述两种观点的出现。然而，已有研究有一个共同特征，也就是主要运用一国或地区能源消费量与经济增长的相关数据进行相关计量分析，属于宏观层面的分析，但缺乏从微观视角构建能源消费量与经济增长之间数量关系的数理模型。本章构建扩展后的戴蒙德世代交叠模型来分析能源消费与经济增长之间的数量关系。

假设1：经济社会由m个同质的家庭构成，每个家庭中的人口数量为1。

假设2：每个家庭只存活2期。

每个家庭的能源消费量分别为N1、N2，其中N1为每个家庭在第1期的能源消费量，N2为每个家庭在第2期的能源消费量。每个家庭从每期能源消费中都获得效用。

假设3：经济社会的效用函数为相对风险回避系数不变的效用函数：

$$U = m\frac{N_1^{1-\theta}}{1-\theta} + \frac{m}{1+\rho}\frac{N_2^{1-\theta}}{1-\theta}, \ \theta > 0, \ \rho > -1 \tag{1}$$

（1）中 θ 为相对风险规避系数；ρ 为权数参数，当 $\rho > 0$，表示每个家庭赋予第 1 期能源消费的权数大于赋予第 2 期能源消费的权数；当 $-1 < \rho < 0$，表示每个家庭赋予第 2 期能源消费的权数大于赋予第 1 期能源消费的权数；当 $\rho = 0$，表示每个家庭赋予第 1 期能源消费的权数等于赋予第 1 期能源消费的权数。

能源消费价格每一期均为 P，Y 为经济社会中所有家庭的总收入，总收入中用于非能源的消费支出为 Y_0，则预算约束方程为：

$$Y_0 + mP\,N_1 + mP\,N_2 = Y \tag{2}$$

（2）中 Y_0 的值固定不变，$Y - Y_0$ 为经济社会中所有家庭用于能源消费的支出。

联立（1）和（2），则经济社会的效用函数为：

$$U = m\,\frac{N_1^{1-\theta}}{1-\theta} + \frac{m}{1+\rho}\,\frac{\left(\dfrac{Y-Y_0}{mp} - N_1\right)^{1-\theta}}{1-\theta} \tag{3}$$

经济社会效用最大化时必然满足：

$$\frac{\partial U}{\partial N_1} = 0 \tag{4}$$

联立（3）和（4），可得：

$$N_2 = \left(\frac{1}{1+\rho}\right)^{\frac{1}{\theta}} N_1 \tag{5}$$

由于 $\theta > 0$，$\rho > -1$，则（5）表明：经济社会中单个家庭的第 2 期能源消费量与第 1 期能源消费量之间呈正相关关系。

联立（2）和（5）可得：

$$N_1 = \frac{(1+\rho)^{1/\theta}}{1+(1+\rho)^{1/\theta}}\,\frac{(Y-Y_0)}{mP} \tag{6}$$

$$N_2 = \frac{1}{1+(1+\rho)^{1/\theta}}\,\frac{(Y-Y_0)}{mP} \tag{7}$$

整个经济社会中所有家庭在第 1 期的能源消费量为 mN_1，即为：

$$mN_1 = \frac{(1+\rho)^{1/\theta}}{1+(1+\rho)^{1/\theta}}\,\frac{(Y-Y_0)}{P} \tag{8}$$

整个经济社会中所有家庭在第 2 期的能源消费量为 mN_2，即为：

$$mN_2 = \frac{1}{1 + (1 + \rho)^{1/\theta}} \frac{(Y - Y_0)}{P} \tag{9}$$

整个经济社会中所有家庭第 2 期能源消费量与第 1 期能源消费之间的数量关系为：

$$mN_2 = \left(\frac{1}{1+\rho}\right)^{\frac{1}{\theta}} mN_1 \tag{10}$$

（8）、（9）、（10）中 $\theta > 0$，$\rho > -1$，则 $\left(\frac{1}{1+\rho}\right)^{\frac{1}{\theta}} > 0$。

（8）、（9）表明：在经济社会中所有家庭只存活两期时，所有家庭的总收入越大，整个经济社会所有家庭第 1 期能源消费量、第 2 期能源消费量也越大；能源价格越高，整个经济社会中所有家庭第 1 期能源消费量、第 2 期能源消费量会越小。（10）表明：在经济社会中所有家庭只存活两期时，所有家庭第 1 期能源消费量越大，所有家庭第 2 期能源消费量也越大。

当每个家庭存活 L 期，满足 $L > 2$。则经济社会的效用函数为：

$$U = \sum_{i=1}^{L} \frac{m}{(1+\rho)^{(i-1)}} \frac{N_i^{1-\theta}}{1-\theta}, \ \theta > 0, \ \rho > -1 \tag{11}$$

预算约束方程为：

$$Y_0 + \sum_{i=1}^{L} P N_i = Y \tag{12}$$

根据效用最大化原则，可解得：

$$N_i = \frac{(1+\rho)^{(L-i)/\theta}}{\sum_{i=1}^{L} (1+\rho)^{(i-1)/\theta}} \frac{(Y - Y_0)}{mp} \tag{13}$$

$$N_i = \left(\frac{1}{1+\rho}\right)^{\frac{1}{\theta}} N_{i-1} \tag{14}$$

整个经济社会中所有家庭在第 i 期的能源消费量为 mN_i，即为：

$$mN_i = \frac{(1+\rho)^{(L-i)/\theta}}{\sum_{i=1}^{L} (1+\rho)^{(i-1)/\theta}} \frac{(Y - Y_0)}{p} \tag{15}$$

（15）说明当经济社会中每个家庭存活 L（$L > 2$）期时，所有家庭的总收入越大，整个经济社会所有家庭第 i 期能源消费量越大；能源价格越高，整个经济社会中所有家庭第 i 期能源消费量会越小。

整个经济社会中所有家庭第 i 期能源消费量 mN_i 与第 i-1 期能源消费 mN_{i-1} 之间的数量关系为：

$$mN_i = (\frac{1}{1+\rho})^{\frac{1}{\theta}} mN_{i-1} \qquad (16)$$

（16）说明在经济社会中所有家庭存活 L（$L > 2$）期时，所有家庭第 i-1 期能源消费量越大，所有家庭第 i 期能源消费量也越大。

综合上述分析可知：当经济社会中每个家庭存活 L 期（$L \geq 2$），所有家庭的总收入越大，整个经济社会中所有家庭在第 i 期（$i \in L$）能源消费量越大；能源价格越高，整个经济社会中所有家庭第 i 期能源消费量会越小；所有家庭第 i-1 期能源消费量越大，所有家庭第 i 期能源消费量也越大。

第二节　上海合作组织成员国能源消费与经济增长关系实证研究的计量模型研究

（一）样本选择

本章选取上海合作组织的正式成员国为样本进行实证分析，共 8 个。分别为：中国、俄罗斯、哈萨克斯坦、吉尔吉斯斯坦、塔吉克斯坦、乌兹别克斯坦、印度和巴基斯坦（不包括伊朗）。

（二）变量定义

表 1 为本章的相关变量定义。表 1 中，energy 为被解释变量，GDP 为核心解释变量。population、patent、second、gini 为其他解释变量，也就是本章的控制变量。

表1 变量描述

变量名称	变量说明
energy	表示上海合作组织成员国的能源消费量，该变量反映上海合作组织成员国的能源消费总量状况，单位：百万吨油当量。
GDP	表示上海合作组织成员国的国内生产总值，该变量反映上海合作组织成员国的经济总量，单位：亿美元。
population	表示上海合作组织成员国的人口总量，反映上海合作组织成员国的人口规模，单位：人。
patent	表示上海合作组织成员国的专利申请数量，该变量反映上海合作组织成员国的科技水平，单位：件。
second	表示上海合作组织成员国第二产业所占 GDP 的比重，该变量反映上海合作组织成员国的产业结构状况，单位:%。
gini	表示上海合作组织成员国的基尼系数，该变量反映上海合作组织成员国的贫富差距。

（三）数据描述

1. 数据来源

本章使用 2007 年至 2015 年上海合作组织成员国的相关数据进行实证研究。表 1 中相关变量所涉及的数据来源于历年《国际统计年鉴》。

2. 数据的统计性描述

表 2 为相关变量数据的统计性描述。

表2 变量的统计性描述

变量	观察值	平均值	标准差	最小值	最大值
energy	72	505.331 9	851.414	2.1	3 009.8
GDP	72	14 018.75	25 509.32	31.194 97	110 139.5
population	72	3.71E+08	5.42E+08	5 268 400	1.37E+09
patent	72	218 297.2	606 837	4	2 798 500

续表

变量	观察值	平均值	标准差	最小值	最大值
second	72	32. 234 72	7. 555 339	19. 3	47
gini	72	28. 331 82	11. 526 55	0. 462	43. 24

3. 散点图及拟合线

图 1 为上海合作组织成员国 2007 年至 2015 年的能源消费与经济增长之间数量关系的散点图及拟合线。图 1 横坐标为 GDP，纵坐标为 energy。图 1 的拟合线是一条向右上方倾斜的直线，这说明上海合作组织成员国在 2007 年至 2015 年的能源消费与经济增长呈现出明显的正相关性。为检验两者在统计上是否存在显著的正相关性，有必要进行回归分析。

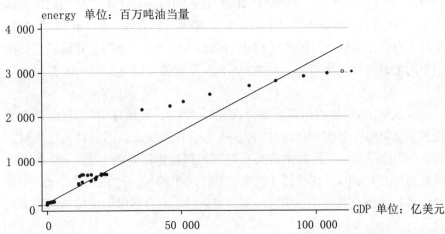

图 1　上海合作组织成员国能源消费与经济增长之间数量关系的散点图及拟合线

（四）回归分析

1. 回归模型设定

第三部分能源消费与经济增长的理论模型构建分析，是本章设定能源消费与经济增长之间数量关系的计量模型形式的依据。根据（15），本章设定上海合作组织能源消费与经济增长之间数量关系的计量模型形式为：

$$energy_{it} = \alpha + \beta\,GDP_{it} + \gamma\,populatioin_{it} + \chi\,patent_{it} + \eta\,second_{it} +$$
$$\varphi\,gini_{it} + \varepsilon_{it} \tag{17}$$

（17）中 β 为 GDP_{it} 的回归系数，γ 为 $populatioin_{it}$ 的回归系数，χ 为 $patent_{it}$ 的回归系数，η 为 $second_{it}$ 的回归系数，φ 为 $gini_{it}$ 的回归系数，α 为常数项，ε_{it} 为扰动项。

如果 β 的值为正数且通过显著性水平检验，则表明在 2007 年至 2015 年间上海合作组织成员国的 GDP 与能源消费量之间存在显著的正相关性；如果 β 的值为负数且通过显著性水平检验，则表明在 2007 年至 2015 年间上海合作组织成员国的 GDP 与能源消费量之间存在显著的负相关性。

2. 回归结果报告

表 3 是回归结果。表 3 中，GDP 的回归系数为 0.052 355 5，且通过 1% 的显著性水平检验。这说明在 2007 年至 2015 年间上海合作组织成员国当年 GDP 与当年能源消费量之间存在显著的正相关性；在 2007 年至 2015 年间上海合作组织成员国当年 GDP 每增加 1 亿美元，上海合作组织成员国当年的能源消费量将增加 0.052 355 5 百万吨油当量（5.235 55 万吨油当量）。

表 3 中，patent 的回归系数为 -0.001 224 3，且通过 1% 的显著性水平检验，这说明在 2007 年至 2015 年间上海合作组织成员国的科技进步对上海合作组织成员国的能源消费具有显著的抑制作用。表 3 中，gini 的回归系数为 -24.824 94，且通过 1% 的显著性水平检验。这说明在 2007 年至 2015 年间上海合作组织成员国的贫富差距对上海合作组织成员国的能源消费具有显著的抑制作用。

表 3 中，population 的回归系数为负值，但并没有通过显著性水平检验，second 的回归系数为正数，但也没有通过显著性水平检验。

表 3　回归结果

解释变量	回归系数及显著性
GDP	0.052 355 5 *** （13.01）
population	-4.40E-08 （-0.82）

解释变量	回归系数及显著性
patent	−0.001 224 3 *** （−7. 19）
second	3. 829 515 （1. 38）
gini	−24. 824 94 *** （−8. 09）
常数项	634. 810 8 *** （4. 28）

注：被解释变量：energy。*** 表示通过 1% 的显著性水平检验，** 表示通过 5% 的显著性水平检验，* 表示通过 10% 的显著性水平检验。括号内的数字为 t 值。

3. 滞后效应检验

表 3 的回归结果显示，2007 年至 2015 年间上海合作组织成员国的 GDP 每增加 1 亿美元，上海合作组织成员国当年的能源消费量将增加 0.052 355 5 百万吨油当量。那么上海合作组织成员国的当年 GDP 对以后年份的能源消费是否会产生影响，也就是上海合作组织成员国的当年 GDP 对能源消费是否产生滞后效应，本章进行了滞后效应检验，如表 4 所示。

表 4 中，GDP_1、GDP_2、GDP_3、GDP_4、GDP_5 分别表示滞后 1 年、滞后 2 年、滞后 3 年、滞后 4 年、滞后 5 年的 GDP 变量。GDP_1、GDP_2、GDP_3、GDP_4、GDP_5 的回归系数均为正值，且通过 1% 的显著性水平检验，但 GDP_1、GDP_2、GDP_3、GDP_4、GDP_5 回归系数的值不断减少。这说明上海合作组织成员国的当年 GDP 对以后年份的能源消费会产生显著正向影响，但影响程度不断减弱。结合表 3 中 GDP 的回归系数和表 4 中 GDP_1、GDP_2、GDP_3、GDP_4、GDP_5 的回归系数可知，2007 年至 2015 年间上海合作组织成员国的当年 GDP 每增加 1 亿美元，不仅会导致上海合作组织成员国当年的能源消费量增加 5.235 55 万吨油当量，还会导致当年以后的第一年、当年以后的第二年、当年以后的第三年、当年以后的第四年、当年以后的第五年能源消费量依次增加 0.690 25 万吨油当量、0.458 01 万吨油当量、0.334 81 万吨油当量、0.228 73 万吨

油当量、0. 197 42 万吨油当量。

表 4　滞后效应检验

解释变量	包含滞后1年的GDP变量的回归系数及显著性	包含滞后2年的GDP变量的回归系数及显著性	包含滞后3年的GDP变量的回归系数及显著性	包含滞后4年的GDP变量的回归系数及显著性	包含滞后5年的GDP变量的回归系数及显著性
GDP_1	0. 006 902 5 *** （3. 33）				
GDP_2		0. 004 580 1 *** （2. 96）			
GDP_3			0. 003 348 1 *** （2. 78）		
GDP_4				0. 002 287 3 *** （2. 47）	
GDP_5					0. 001 974 2 *** （2. 97）
population	4. 03E−07 （6. 49）	3. 97E−07 *** （6. 64）	3. 52E−07 *** （6. 39）	2. 86E−07 *** （6. 19）	2. 44E−07 *** （6. 95）
patent	0. 000 663 4 *** （5. 18）	0. 000 854 5 *** （7. 36）	0. 001 037 3 *** （9. 89）	0. 001 226 8 *** （13. 89）	0. 001 311 6 *** （20. 04）
second	15. 266 48 *** （3. 55）	13. 766 73 *** （3. 33）	12. 247 53 *** （3. 35）	9. 990 388 *** （3. 36）	7. 653 039 *** （3. 56）
gini	−1. 992 978 （−0. 42）	3. 502 648 （0. 71）	11. 567 85 ** （2. 37）	21. 609 22 *** （4. 91）	27. 854 84 *** （8. 04）
常数项	−333. 054 2 （−1. 52）	−458. 284 2 ** （−2. 11）	−662. 167 9 *** （−3. 33）	−898. 257 6 *** （−5. 33）	−1 025. 402 *** （−8. 03）

注：被解释变量：energy。*** 表示通过 1% 的显著性水平检验，** 表示通过 5% 的显著性水平检验，* 表示通过 10% 的显著性水平检验。括号内的数字为 t 值。

4. 上海合作组织成员国 GDP 中第二产业产值与能源消费之间的数量关系

由于 GDP 表示上海合作组织成员国的国内生产总值，second 表示上海合作组织成员国 GDP 中第二产业产值所占比重，GDP 与 second 的乘积也可

以表示上海合作组织成员国的第二产业产值。本章以 GDP_second 表示
GDP 与 second 的乘积（GDP 与 second 的交叉项），回归结果如表 5 所示。

表 5 中，GDP_second 的回归系数为 0.001 161 9，且通过 1% 的显著性
水平检验，这表明：2007 年至 2015 年间上海合作组织成员国 GDP 对能源
消费量的影响程度随着上海合作组织成员国第二产业产值比重（second）
的增加而增强；还说明：在 2007 年至 2015 年间上海合作组织成员国的第
二产业产值每增加 1 亿美元，上海合作组织成员国的能源消费量将增加
0.116 19 万吨油当量。

表 5　回归结果

解释变量	回归系数及显著性
GDP	0.003 912 2
	(0.33)
GDP_second	0.001 161 9***
	(4.23)
population	3.08E-08
	(0.61)
patent	−0.001 184***
	(−7.77)
second	2.231 351
	(0.89)
gini	−11.466 93***
	(−2.74)
常数项	291.077 9*
	(1.87)

注：被解释变量：energy。*** 表示通过 1% 的显著性水平检验，** 表示通过
5% 的显著性水平检验，* 表示通过 10% 的显著性水平检验。括号内的数字为
t 值。

（五）上海合作组织成员国能源消费支出与 GDP 呈正相关关系的经济学解释

1. 基于支出法核算 GDP 角度的分析

主要从 GDP 的构成进行相关分析，支出法核算 GDP 的表达式为：

$$GDP = C + I + G + X - M \tag{18}$$

其中，C 为一国或地区的居民消费支出总额，I 为一国或地区的投资总额，G 为一国或地区的政府购买总额，$X - M$ 为一国或地区的净出口总额。

$$C = N + F \tag{19}$$

N 为一国或地区的居民能源消费支出总额，F 为一国或地区的居民非能源消费支出总额。

联立（18）和（19）可得：

$$GDP = N + F + I + G + X - M \tag{20}$$

（20）表明：一国或地区的居民能源消费支出总额 N 是一国或地区的 GDP 的一部分。

由（20）可得：

$$N = GDP - F - I - G - (X - M) \tag{21}$$

由（21）可知：在 F、I、G、$X - M$ 保持不变时，GDP 越大，一国或地区的居民能源消费支出总额越大。

2. 基于居民收入与能源消费支出视角的分析

当一国或地区经济快速增长时，该国或地区的居民收入会不断提高，而居民收入的提高会导致居民增加高能耗产品需求；高能耗产品需求增加必然导致居民的能源消费支出增加。例如，居民收入提高会导致更多居民购买家用汽车，家用汽车增加会提高居民对汽油的需求。随着上海合作组织成员国 GDP 的增长，居民收入水平会不断增加，从而使得更多的居民有能力购买家用汽车等高耗能产品，进而导致居民对能源的消费支出增加。

第三节　本章小结

运用扩展后的戴蒙德世代交叠模型对能源消费与经济增长之间的数量关系进行了理论研究。研究结果表明：经济社会中所有家庭在当期能源消费量越大，则经济社会中所有家庭在下一期能源消费量也会越大；经济社会中所有家庭的总收入越大，则经济社会中所有家庭的能源消费量会越大；能源价格越高，经济社会中所有家庭的能源消费量会越小。

运用 2007 年至 2015 年上海合作组织成员国能源消费和 GDP 的数据进行实证研究。研究结果显示：上海合作组织成员国的 GDP 与能源消费之间存在显著的正相关性，上海合作组织成员国 GDP 每增加 1 亿美元，上海合作组织成员国当年的能源消费量将增加 0.052 355 5 百万吨油当量（5.235 55 万吨油当量）；上海合作组织成员国 GDP 对能源消费还会产生滞后效应，上海合作组织成员国的 GDP 在当年每增加 1 亿美元，不仅会导致上海合作组织成员国当年的能源消费量增加 5.235 55 万吨油当量，还会导致当年以后的第一年、当年以后的第二年、当年以后的第三年、当年以后的第四年、当年以后的第五年的能源消费量依次增加 0.690 25 万吨油当量、0.458 01 万吨油当量、0.334 81 万吨油当量、0.228 73 万吨油当量、0.197 42 万吨油当量。

参考文献 REFERENCES

[1] Bai David Huamao, *The Impact of R&D and Institutions on the Performance of Chinese Industry*, Brandeis University, International Business School, 2003.

[2] Kathleen P. Bell, Nancy E. Bockstael, "Applying Generalized Moments Estimation Approach to Spatial Problems Involving Micro-level Data.", *The Review of Economic of Economics and Statistics*, Vol. 82, No. 1., 2000.

[3] Richard Blundell, Rachel Griffith, John Van Reenen, "Dynamic Count Data Models of Technological Innovation", *The Economic Journal*, Vol. 105, No. 429., 1995.

[4] Chien-Chiang Lee, Chun-Ping Chang, "Energy consumption and economic growth in Asian economies: A more comprehensive analysis using panel data", *Resource and Energy Economics*, Vol. 30, No. 1., 2008.

[5] Chor Foon Tang, Bee Wah Tan, Ilhan Ozturk, "Energy consumption and economic growth in Vietam", *Renewable and Sustainable Energy Reviews*, Vol. 54, No. 2., 2016.

[6] Matthieu Crozet, Pamina Koenig Soubeyran, "EU Enlargement and the Internal Geography of Countries", *Journal of Comparative Economics*, Vol. 32, No. 2., 2004.

[7] Avinash K. Dixit, Joseph E. Stiglitz, "Monopolistic Competition and Optimum Product Diversity", *The American Economic Review*, Vol. 67, No. 3., 1997.

[8] Hulya Ulku, "R&D, Innovation, and Growth: Evidence from Four Manufacturing Sectors in OECD Countries", *Oxford Economic Papers*, Vol. 59, No. 3., 2007.

[9] Anill Markandya, Suzette Pedroso-Calinato, Ddlia Streimikiene, "Energy Intensity in Transition Economics: is there Convergence towards the EU Average?", *Energy Economics*, Vol. 28, No. 1., 2006.

[10] Graham K. Morbey, "R&D: Its Relationship to Company Performance", *The Journal of Product Innovation Management*, Vol. 5, No. 3., 1988.

[11] Otavio Mielnik, José Goldemberg, "Converging to Common Pattern of Energy Use in

Developing and Industrialized Countrics", *Energy Policy*, Vol. 28, No. 8., 2000.

[12] Nicholas Apergis, James E. Payne, "Energy Consumption and Economic Growth：Evidence from the Commonwealth of Independent States.", *Energy Economics*, Vol. 31, No. 5., 2009.

[13] Elisenda Paluzie, Jordi Pons, Daniel A. Tirado, "Regional Integration and Specialization Patterns in Spain", *Regional Studies*, Vol. 35, No. 4., 2001.

[14] Ricardo Azevedo Araujo, "An Evolutionary Game Theory Approach to Combat Money Laundering." *Journal of Money Laundering Control*, Vol. 13, No. 1., 2001.

[15] Vipin Arora, Shuping Shi, "Energy Consumption and Economic Growth in the United Sates", *Applied Economics*, Vol. 48, No. 39., 2016.

[16] Yan Zhang, et al, "R&D Intensity and International Joint Venture Performance in an Emerging Market：Moderating Effects of Market Focus and Ownership Structure", *Journal of International Business Studies*, Vol. 38, No. 6., 2007.

[17] 安虎森、皮亚彬、薄文广："市场规模、贸易成本与出口企业生产率'悖论'"，载《财经研究》2013 年第 5 期。

[18] 程颖慧、王健："能源消费、技术进步与经济增长效应——基于脉冲响应函数和方差分解的分析"，载《财经论丛》2014 年第 2 期。

[19] 柴俊武、万迪昉："企业规模与 R&D 投入强度关系的实证分析"，载《科学学研究》2003 年第 1 期。

[20] 陈诗一、陈登科："中国资源配置效率动态演化——纳入能源要素的新视角"，载《中国社会科学》2017 年第 4 期。

[21] 常春华："中国能源消费收敛性特征分析"，载《统计与决策》2018 年第 5 期。

[22] 陈佳："试析中国与中亚国家的能源合作"，载《宁夏党校学报》2008 年第 4 期。

[23] 陈小沁："上海合作组织框架内的中俄能源利益分析"，载《国际关系学院学报》2011 年第 5 期。

[24] 段显明、郭家东："能源消费与经济增长的 Kuznets 曲线验证——来自中国省际面板数据的证据"，载《工业技术经济》2011 年第 11 期。

[25] 邓慧慧："区域一体化、市场规模与制造业空间分布——理论模型与数值模拟"，载《西南民族大学学报（人文社会科学版）》2012 年第 1 期。

[26] 邓明："基于嵌套 CES 生产函数的多要素 Morishima 替代弹性估计"，载《数量经济技术经济研究》2017 年第 7 期。

[27] 傅联英："广延研发决策对企业利润的影响——基于中国食品企业数据的分析"，载《研究与发展管理》2018 年第 5 期。

[28] 高宇明、齐中英："基于时变参数的中国总量生产函数估计"，载《哈尔滨工业大

学学报（社会科学版）》2008 年第 2 期。

[29] 高世宪等："丝绸之路经济带能源合作现状及潜力分析"，载《中国能源》2014年第 4 期。

[30] 郭锐、洪英莲："中俄能源合作的问题与对策"，载《经济纵横》2009 年第 9 期。

[31] 高霞、冯连勇："清晰认识化石能源峰值 预防新一轮经济衰退的发生"，载《中国石油和化工》2011 年第 6 期。

[32] 郭宏："上海合作组织框架内能源合作的政治法律分析"，载《吉林师范大学学报（人文社会科学版）》2014 年第 1 期。

[33] 耿晔强、马志敏："基于博弈视角下的中国与上海合作组织成员国能源合作分析"，载《世界经济研究》2011 年第 5 期。

[34] 何则等："中国能源消费与经济增长的相互演进态势及驱动因素"，载《地理研究》2018 年第 8 期。

[35] 韩立华："国际能源战略格局与地缘政治关系——解读上海合作组织多边能源合作的环境与问题"，载《新视野》2007 年第 2 期。

[36] 纪成君等："中国能源消费与经济增长关系的动态演变—基于状态空间模型的变参数分析"，载《生态经济》2016 年第 11 期。

[37] 贾功祥、谢湘生："中国经济增长与能源消费动态关系——基于面板向量自回归模型的分析"，载《首都经济贸易大学学报》2011 年第 4 期。

[38] 江丽、高志刚："中国与哈萨克斯坦油气资源领域合作的博弈分析"，载《国际经贸探索》2014 年第 8 期。

[39] 籍艳丽："金砖五国经济增长与能源消费强度收敛性分析——基于面板数据模型的八国比较研究"，载《云南财经大学学报》2011 年第 5 期。

[40] 李鹏：《经济增长、环境污染与能源矿产开发的实证研究》，上海社会科学院出版社 2016 年版。

[41] 李鹏：《上海合作组织成员国之间能源合作问题研究》，上海社会科学院出版社 2018 年版。

[42] 李鹏："中国与中亚国家能源合作问题研究——基于合作意愿差异化视角的分析"，载《经济问题探索》2017 年第 2 期。

[43] 李鹏："能源消费与我国的经济增长——基于动态面板数据的实证分析"，载《经济管理》2013 年第 1 期。

[44] 李鹏："中国与中亚国家能源合作问题——基于演化博弈模型的分析"，载《北京理工大学学报（社会科学版）》2015 年第 6 期。

[45] 李鹏："能源消费与我国的二氧化硫排放"，载《西北人口》2014 年第 4 期。

[46] 李琪："'丝绸之路'的新使命：能源战略通道——我国西北与中亚国家的能源

合作与安全", 载《西安交通大学学报（社会科学版）》2007 年第 2 期。

[47] 李春琦: "影响我国家族企业绩效的经验证据——基于对家族上市公司控股比例和规模的考察", 载《统计研究》2005 年第 11 期。

[48] 李红强、王礼茂: "中亚能源地缘政治格局演进: 中国力量的变化、影响与对策", 载《资源科学》2009 年第 10 期。

[49] 李葆珍: "上海合作组织的能源合作与中国的能源安全", 载《郑州大学学报（哲学社会科学版）》2010 年第 4 期。

[50] 李民骐: "石油峰值、能源峰值与全球经济增长: 全球能源与经济增长前景评估（2010~2100 年）", 载《政治经济学评论》2010 年第 3 期。

[51] 柳树: "俄罗斯能源外交思想对中俄能源合作的影响", 载《云南财经大学学报》2008 年第 1 期。

[52] 梁琦、丁树、王如玉: "总部集聚与工厂选址", 载《经济学（季刊）》2012 年第 3 期。

[53] 刘生龙、张捷: "空间经济视角下中国区域经济收敛性再检验——基于 1985~2007 年省级数据的实证研究", 载《财经研究》2009 年第 12 期。

[54] 林伯强、李江龙: "环境治理约束下的中国能源结构转变——基于煤炭和二氧化碳峰值的分析", 载《中国社会科学》2015 年第 9 期。

[55] 林伯强、吴微: "中国现阶段经济发展中的煤炭需求", 载《中国社会科学》, 2018 年第 2 期。

[56] 林伯强: "电力消费与中国经济增长: 基于生产函数的研究", 载《管理世界》2003 年第 11 期。

[57] 刘明辉、袁培: "'一带一路'背景下中巴能源消费结构与经济增长关联性比较研究", 载《财经理论研究》2015 年第 5 期。

[58] 刘素霞、钱晓萍: "上海合作组织框架下能源合作一体化的现实基础分析", 载《新西部（理论版）》2013 年第 24 期。

[59] 刘乾、周础: "上合组织框架下多边能源合作机制与中国的参与策略", 载《中国石油大学学报（社会科学版）》2013 年第 6 期。

[60] 刘文革、庞盟、王磊: "中俄能源产业合作的经济效应实证研究", 载《国际贸易问题》2012 年第 12 期。

[61] 罗小芳、胡丽媛、吴结: "研发投入对企业利润的作用机制——基于面板门限的非线性关系分析", 载《科技管理研究》2018 年第 16 期。

[62] 牛彤等: "基于弹性脱钩的中国经济增长与能源消费脱钩关系研究", 载《科技管理研究》2015 年第 18 期。

[63] 庞昌伟、张萌: "上合组织能源俱乐部建设及中俄天然气定价机制博弈", 载《俄

罗斯学刊》2011 年第 1 期。

[64] 秦鹏："上海合作组织能源俱乐部的性质与基本规则"，载《新疆大学学报（哲学·人文社会科学版）》2014 年第 1 期。

[65] 钱娟："浅析中国在中亚地区的能源安全战略"，载《山西师大学报（社会科学版）》2011 年第 S4 期。

[66] 强晓云："从公共产品的视角看上海合作组织能源俱乐部发展前景"，载《上海商学院学报》2014 年第 6 期。

[67] 齐绍洲、李锴："发展中国家经济增长与能源消费强度收敛的实证分析"，载《世界经济研究》2010 年第 2 期。

[68] 孙永祥："中、俄、哈能源合作的核心问题"，载《俄罗斯中亚东欧市场》2007 年第 2 期。

[69] 孙永祥："能源合作：上海合作组织关注的重点领域"，载《国际贸易》2009 年第 5 期。

[70] 宋锋华、泰来提·木明："能源消费、经济增长与结构变迁"，载《宏观经济研究》2016 年第 3 期。

[71] 孙霞："中亚能源地缘战略格局与多边能源合作"，载《世界经济研究》2008 年第 5 期。

[72] 汤二子、刘凤朝："研发对企业利润的影响及出口扩大效应"，载《管理工程学报》，2015 年第 2 期。

[73] 唐曼萍、李后建："企业规模、最低工资与研发投入"，载《研究与发展管理》2019 年第 1 期。

[74] [美] 藤田昌久、保罗·克鲁格曼、安东尼·J·维纳布尔斯：《空间经济学：城市、区域与国际贸易》，梁琦主译，中国人民大学出版社 2013 年版。

[75] 王菲："中国与中亚国家能源合作开发的政治经济学分析"，载《云南行政学院学报》2009 年第 3 期。

[76] 王海燕："上海合作组织成员国能源合作：趋势与问题"，载《俄罗斯研究》2010 年第 3 期。

[77] 王俊峰、贾芦苇："中俄能源合作的新战略与新思考"，载《中国地质大学学报（社会科学版）》2014 年第 4 期。

[78] 王君彩、王淑芳："企业研发投入与业绩的相关性——基于电子信息行业的实证分析"，载《中央财经大学学报》2008 年第 12 期。

[79] 王安建、王高尚：《能源与国家经济发展》，中国地质出版社 2008 年版。

[80] 吴延兵："市场结构、产权结构与 R&D——中国制造业的实证分析"，载《统计研究》2007 年第 5 期。

［81］魏巍贤、王锋："能源强度收敛：对发达国家与发展中国家的检验"，载《中国人口·资源与环境》2010 年第 1 期。

［82］魏玮、何旭波："中国工业部门的能源 CES 生产函数估计"，载《北京理工大学学报（社会科学版）》2014 年第 1 期。

［83］夏利宇："我国区域能源强度收敛性研究——基于省际面板数据的实证分析"，载《中国物流与采购》2014 年第 2 期。

［84］谢文心："从贸易互补性看中俄能源合作发展"，载《经济问题》2012 年第 1 期。

［85］许勤华："后金融危机时期上合组织框架内多边能源合作现状及前景"，载《俄罗斯中亚东欧研究》2012 年第 4 期。

［86］许勤华："大国中亚能源博弈的新地缘政治学分析"，载《亚非纵横》2007 年第 3 期。

［87］许德友、梁琦："贸易成本与国内产业地理"，载《经济学（季刊）》2012 年第 3 期。

［88］尹建华、王兆华："中国能源消费与经济增长间关系的实证研究——基于 1953～2008 年数据的分析"，载《科研管理》2011 年第 7 期。

［89］［美］约翰·梅纳德·史密斯：《演化与博弈》，潘春阳译，复旦大学出版社 2008 年版。

［90］杨志明、张广辉："能源消费结构与经济增长关系研究——基于东、中、西部各省面板数据的实证研究"，载《广西财经学院学报》2010 年第 10 期。

［91］麦勇、胡文博："西部地区进行跨国性能源合作的模式选择——基于新疆与中亚五国能源合作的分析"，载《郑州大学学报（哲学社会科学版）》2010 年第 1 期。

［92］耶斯尔："中亚地区的能源'博弈'"，载《新疆师范大学学报（哲学社会科学版）2010 年第 2 期。

［93］朱炎亮、万勇："劳动力区间流动影响经济集聚的机理分析"，载《财经科学》2015 年第 4 期。

［94］张耀："中国与中亚国家的能源合作及中国的能源安全——地缘政治、视角的分析"，载《俄罗斯研究》2009 年第 6 期。

［95］张华、魏晓平："能源替代与内生经济增长路径研究"，载《北京理工大学学报（社会科学版）》2014 年第 4 期。

［96］赵晓飞、李崇光："'农户—龙头企业'的农产品渠道关系稳定性——基于演化博弈视角的分析"，载《财贸经济》2008 年第 2 期。

［97］朱光强："困境与协调：探析中俄能源合作的博弈——以俄远东输油项目为例"，载《俄罗斯研究》2009 年第 4 期。

[98] 周晶、王磊、金茜："中国工业行业能源 CES 生产函数的适用性研究及非线性计量估算"，载《统计研究》2015 年第 4 期。

[99] 张恒龙、秦鹏亮："中俄能源合作博弈及其地缘政治经济影响"，载《上海大学学报（社会科学版）》2015 年第 1 期。

[100] 张勇军、刘灿、胡宗义："我国能源消耗强度收敛性区域差异与影响因素分析"，载《现代财经（天津财经大学学报）》2015 年第 5 期。

[101] 赵进文、范继涛："经济增长与能源消费内在依从关系的实证研究"，载《经济研究》2007 年第 8 期。

[102] 赵慧卿："我国能源效率影响因素及'俱乐部收敛'分析——基于 1985—2010 年省际面板数据"，载《重庆工商大学学报（社会科学版）》2014 年第 1 期。

[103] 章上峰、董君、许冰："中国总量生产函数模型选择——基于要素替代弹性与产出弹性视角的研究"，载《经济理论与经济管理》2017 年第 4 期。

[104] 张少军："贸易投资一体化与研发投入——基于中国行业面板数据的实证分析"，载《世界经济研究》2008 年第 8 期。

[105] 朱恒鹏："企业规模、市场力量与民营企业创新行为"，载《世界经济》2006 年第 12 期。

[106] 周亚虹、许玲丽："民营企业 R&D 投入对企业业绩的影响——对浙江省桐乡市民营企业的实证研究"，载《财经研究》2007 年第 7 期。

[107] 周黎安、罗凯："企业规模与创新：来自中国省级水平的经验证据"，载《经济学（季刊）》2005 年第 4 期。

[108] 战岐林、曾小慧："基于中国工业微观数据的 CES 生产函数要素替代弹性估计"，载《统计与决策》2015 年第 24 期。

[109] 齐绍洲、罗威："中国地区经济增长与能源消费强度差异分析"，载《经济研究》2007 年第 7 期。

致 谢 / **THANKS**

作者耗时近 5 年才完成著作的撰写工作。该著作得到 2018 年度中国-
上海合作组织国际司法交流合作培训基地研究基金项目资助，项目名称：
《上海合作组织成员国能源生产、能源消费与能源安全研究》，项目编
号：18HJD029。

著作的顺利出版，得益于我校校领导的大力支持，得益于上海合作组
织国际司法交流培训基地领导的大力支持，也得到了出版社领导及相关工
作人员的大力支持，作者在此表示感谢。

由于作者学术水平有限，著作中难免出现一些瑕疵，还望各界朋友批
评指正。

李 鹏

2023 年 3 月 18 日